荆楚文庫

孝經内外傳

〔清〕李之素 撰

孝經集義

〔清〕曾世儀 撰

孝經養正

〔清〕吕鳴謙 撰 魏友 點校

荆楚文庫編纂出版委員會
崇文書局

荊楚文庫

孝經内外傳
XIAOJING NEIWAIZHUAN

孝經集義
XIAOJING JIYI

孝經養正
XIAOJING YANGZHENG

圖書在版編目（CIP）數據

孝經内外傳 /〔清〕李之素撰．孝經集義 /〔清〕曾世儀撰．孝經養正 /〔清〕吕鳴謙撰 ；魏友點校．-- 武漢 ：崇文書局，2022.11
ISBN 978-7-5403-7028-2

Ⅰ．①孝… ②孝… ③孝… Ⅱ．①李… ②曾… ③吕… ④魏… Ⅲ．①《孝經》 Ⅳ．① B823.1

中國版本圖書館 CIP 數據核字（2022）第 203794 號

責任編輯：胡　欽　薛緒勒
整體設計：范漢成　曾顯惠　思　蒙
責任校對：董　穎
責任印製：田偉根
出版發行：崇文書局有限公司（中國・武漢）
地址：武漢市雄楚大道 268 號 C 座
電話：（027）87680797　　郵政編碼：430070
録排：武漢鑫偉創圖文設計有限公司
印刷：湖北新華印務有限公司
開本：787mm×1230mm　　1/16
印張：20.125
版次：2022 年 11 月第 1 版　2022 年 11 月第 1 次印刷
定價：90.00 元

ISBN 978-7-5403-7028-2
9 787540 370282

出版説明

湖北乃九省通衢，北學南學交會融通之地，文明昌盛，歷代文獻豐厚。守望傳統，編纂荆楚文獻，湖北淵源有自。清同治年間設立官書局，以整理鄉邦文獻爲旨趣。光緒年間張之洞督鄂後，以崇文書局推進典籍集成，湖北鄉賢身體力行之，編纂《湖北文徵》，集元明清三代湖北先哲遺作，收兩千七百餘作者文八千餘篇，洋洋六百萬言。盧氏兄弟輯録湖北先賢之作而成《湖北先正遺書》。至當代，武漢多所大學、圖書館在鄉邦典籍整理方面亦多所用力。爲傳承和弘揚優秀傳統文化，湖北省委、省政府决定編纂大型歷史文獻叢書《荆楚文庫》。

《荆楚文庫》以“搶救、保護、整理、出版”湖北文獻爲宗旨，分三編集藏。

甲、文獻編。收録歷代鄂籍人士著述，長期寓居湖北人士著述，省外人士探究湖北著述。包括傳世文獻、出土文獻和民間文獻。

乙、方志編。收録歷代省志、府縣志等。

丙、研究編。收録今人研究評述荆楚人物、史地、風物的學術著作和工具書及圖册。

文獻編、方志編録籍以 1949 年爲下限。

研究編簡體横排，文獻編繁體横排，方志編影印或點校出版。

《荆楚文庫》編纂出版委員會

2015 年 11 月

總　目　録

荊楚文庫

孝經內外傳

〔清〕李之素　撰
魏友　點校

前　　言

李之素，字雲山，號定庵，湖北麻城人。歲貢生。生卒年無明文記載，其生年不得而知，據其子李焕作於康熙五十九年（一七二〇）的《孝經内外傳》後跋中“今先君子棄養且十年矣”一語，上推十年，則其卒年在康熙四十九年（一七一〇）左右。《麻城縣志》光緒八年（一八八二）刻本及民國二十四年（一九三五）鉛印本皆於《耆舊志》有傳。生平以教授生徒爲業，傳稱其“山居積德讀書，動静必由禮義，堪爲後學式”。著述除《孝經内外傳》外，尚有《省身輯要》二十二卷。《孝經内外傳》成書於康熙十五年（一六七六），共五卷，分爲《孝經》正文一卷，《内傳》一卷，《外傳》三卷。對於此書的内容特色，《四庫全書總目》概括得頗爲簡練精要，曰：“首爲正文一卷，經文每章之後綴以注釋數語，詞旨頗爲淺略。次爲《内傳》一卷，雜引經史子集之言與《孝經》相證佐者。次爲《外傳》三卷，則大舜以下迄於明末孝子行實也。”《孝經内外傳》由李焕刊刻於江西南康任上，有清康熙五十九年寶田山莊刻本，康熙六十年（一七二一）寶田山莊重刻。其書刻本後以湖北巡撫采進本徵入《四庫全書》館，《四庫全書總目》卷三十二經部三十二《孝經》類存目撰有提要。本次整理以上海古籍出版社《續修四庫全書》影印清康熙五十九年寶田山莊刻本爲底本進行點校。書中末尾的《四庫全書總目》提要内容爲本次整理時所附録。

本書根據《荆楚文庫》點校條例，對原文加以新式標點。凡形近而訛等明顯舛誤，徑予改正；冷僻的異體字統一改爲通行的繁體字，不出校記。需要特别説明的是，《孝經内外傳》最大的特點在於其將清代以前的孝子事迹薈萃於一編，頗便於讀者省閲，但其《外傳》三卷中的條目多系作者抄録清代以前史傳著作而成，其中不少地方對原文多有删節，爲保持著作的歷史原貌，在理解無礙的情況下，對這些地方的文字内容一般不作改動。只在因作者錯抄文字導致語意不通之處，則根據材料的原始出處，酌作簡要的校勘記；因作者漏抄或删節過當導致文意不暢之處，也根據材料的原始出處，在文中酌情增補文字，以暢文意，并以方括號［ ］標明，不出校記。另外，在本書《朱子〈孝經刊誤〉》部分中，凡是《孝經》正文中朱熹認爲應當删除的文字，原書皆以八邊形一一圈出，以示朱熹的刊誤意見，本次整理時爲避免繁瑣，對原書圈出方式略作技術調整，統一以長方框將此類文字圈出（如子曰即表示“子曰”二字爲朱熹刊誤所認爲當删除之文字），讀者若能先識此意，則對閱讀本書《朱子〈孝經刊誤〉》部分頗有助益。

本書的點校工作由魏友承擔，徐克謙教授在整理過程中曾答示過點校者的諮詢，特在此表示感謝。限於學識水準，難免還存有錯失不當之處，尚請方家和讀者指正爲幸。

目　　録

鄒　序

今上以孝治天下，德教所及，近自公卿大夫士，下至委巷小民，遠極海隅日出，罔弗感發天良，嚮慕風化。雖唐虞中天之治、成周太和之氣，無以加兹，而猶綸音特發，刊刻《孝經衍義》，恩賜群臣，頒行天下，俾家絃而户誦之，典綦隆也。夫子曰："吾志在《春秋》，行在《孝經》。"尊嚴義備，是《孝經》一書久與《春秋》并重天壤矣，吾黨稽古之士，其可不身體力行，守前經而遵聖訓哉！憶余總角時，與李雲山先生同硯席、共起居，其人敦厚温潤，口無擇言，身無擇行，氣識過人已遠。及長，非策蹇齊安，即同舟鄂渚，時講論孝友根柢之學，故交最久、情最切。歲甲子，予忝捷楚闈。戊辰，入中秘，留滯京華，與先生隔别累載。每自故鄉來者，輒問訊近狀，知授徒於白臯雁臺間，日以所著《孝經内外傳》相勗勉，其及門高足悉循謹端雅，望而知爲胡公門人也。予聞而欣慕，以不得早讀其書爲憾。乙未之夏，先生長君石臺謁選都門，出所傳《孝經》屬序，以十餘年心慕之書，得之一旦。驚喜展讀，因嘆先生實能身體力行，故垂訓後學於無窮，而詒謀孫子之深且遠也。夫堯之親睦九族，舜之克諧蒸乂，暨禹、湯、文、武、周公之已事，千古帝王卿相本身率物，莫不奉孝爲至德要道。他如曾、仲、閔、高，而後孝子順孫歷世皆有。惜其嘉言懿行散在群書，未能合一。先生乃特分著内、外傳，譬諸合翠裝裘、貫珠成串，坐帝王士庶之孝子於一堂，即彙上下古今之言行爲兩序，可以備尚友之資，可以爲省身之要。讀是傳者，孝順之心有不勃然感、油然生者乎！其裨益人心，曷有既哉！在先生，入以教家，出以授徒，亦猶行聖人之志，何容心也。乃太上感應，不爽累黍。今者石臺一發，出人頭地，方從聞詩聞禮之餘，行其立人達人之志。資父事君，移孝作忠，實爲先生善教所基；異日功名事業，悉本此傳，推而行之，易易耳。然則石臺之言，即先生之言，石臺之行，即先生之行，謂非流光餘慶之明驗乎？石臺繼述有志，行當謀諸剞劂。余知此書一出，不惟上佐九重教孝之聖心，亦終當與聖經賢傳藏諸石渠、天禄矣！是爲序。

康熙五十四年，歲在乙未夏五月，賜進士通議大夫内閣學士兼禮部侍郎欽差祭告女媧氏商湯王陵寢監賞山西全省緑旗兵丁前都察院左僉都御史通政使司左右通政太僕寺少卿通政使司右參議提督山西學院翰林院侍讀侍講詹事府右春坊右贊善翰林院檢討丙子科山東正主考纂修三朝國史翰林院庶吉士年家眷同學弟鄒士璁拜撰。

王　　序

六經皆聖人躬行心得，推之以治天下國家者也。學不本於經，則爲詞章餖飣；治不本於經，則爲功利權謀。惟《孝經》爲尼山所嵩作，貫乎《詩》《書》《易》《禮》《樂》《春秋》之精意。雖嘗曰："述而不作。"其作《孝經》，意以補前聖所欲言而未盡，使知文行忠信之教，莫不根柢綱維乎此。他日曾氏之子聞一貫微旨，其即所謂"至德要道"也歟？夫參之獲罪於父，誤劚瓜根，其事至細，弹琹而解憂，受杖而負慝，與"夔夔齋慄"何異？然猶見拒者三，責以弗能如舜之豫親於道。參自是益勉於孝，避席親承之下，有經以傳後，而孝之義發揮始暢，極於天明地察，光四海，通神明，皆由庸近而至高遠，帝王匹夫，莫之能易也。我皇上以孝治天下，聖性天成，薄海内外，罔不和氣蒸翔。余同年李君石臺，宰豫章之南康，民服其廉明，士親其德教，三年政成，因出其贈公年伯《孝經内外傳》一帙，付之梓。余受而讀之，《内傳》則通乎教孝之言，五經、諸子、古文皆備焉；《外傳》以志古之行孝者，虞、夏、商、周之聖人，下逮漢、唐、元、明，雖大小不一，而孝子之名必録焉。其間箋釋詳明，攷証宏博，有關於世教人心，至切近深遠矣。先生身雖未顯，而積慶於後賢，藹乎忠信慈惠，念不忘親。按吏治者閲是書，即當求忠於孝，佇效謇諤，對揚殿陛，呈諸乙覽，庸非致君立身之符驗哉！余適奉命視學西江，每勤訪幽逸，舉盱水宋孝子黄覺經，建坊表之，特祀鄉賢，惜不爲先生所見，附於《外傳》。反復雒誦，而喜石臺能以其傳家者公諸世也，爲弁言於簡端。

康熙五十九年，歲在庚子九月，提督江西全省學政翰林院檢討加三級年眷姪梁南王思訓頓首拜譔。

馮　序

定庵先生輯《孝經内外傳》，其《内傳》引經史諸儒之言，《外傳》雜引史傳事實附於經，凡五卷。蓋六藝之文，皆傳先王之教於後世，《易》《詩》《書》《禮》《樂》《春秋》，所以明道德之指歸者，其言博，其事繁，而其總會在於《孝經》，鄭氏所謂“恐道離散，作《孝經》以總會之”是已。《孝經》之爲教也，兼天子、諸侯、卿大夫、士、庶人五等之品；其爲倫也在父子，而君臣、兄弟、夫婦、朋友之道無不該；其爲德曰愛敬，而知、仁、聖、義、中、和之體無不周；其爲道曰民行，而上下神明、萬事萬物之理無不貫。故曰“天之經也，地之義也”“先王之至德要道也”。古昔盛時，治教休明，五孝之用通乎貴賤，故人皆知反其本源，推之於其所終極，而萬化之所出，王道之所成，皆準諸此。世之衰也，綱維不立於上，習俗不作於下，聖人以身示之，曰“行在《孝經》”，欲人知所本源，而反身切已。守先王之教，以立萬世之準，其道未之易焉。初，古文《孝經》出河間顔芝，其後長孫氏、江翁、后蒼、翼奉、張禹以及孔安國、劉向、鄭康成、皇侃、邢昺等，無慮百餘家，然不過分析章句、箋疏文義而已。我世祖章皇帝聖德聿新，孝治懋建，特命廷臣纂修《孝經》，做宋儒真德秀《大學衍義》之例。逮我皇上克承先志，御極二十九年，《欽定孝經衍義》百卷始獲告成，文義精詳，理藴弘博，非士民所能仰窺萬一者矣。《援神契》云：“士孝曰究。”究者，以明審爲義。定庵先生於職士也，所輯《内外傳》，以之明審《欽定衍義》，總會乎《易》《詩》《書》《禮》《樂》《春秋》之指歸，遠以發明宣聖之傳，近以揚厲聖教之緒，弘敷萬化，贊勷王道，其裨於名教者，豈其微哉！先生姓李，諱之素，楚黄之麻城人。梓成而請序者，其令子石臺也，以丙戌進士宰南康，有治行，果無愧立身揚名之道云。

康熙六十年，辛丑歲仲夏月中浣，賜同進士出身翰林院庶吉士鄰治年家弟馮詠頓首拜撰。

俞　序

昔夫子嘗有言曰："行在《孝經》。"由斯言也，以夫子之大聖，而其行乃囊括於此一書，則凡百行萬善、千言萬語，無非孝行之支流、《孝經》之注脚耳。孟子謂："堯舜之道，孝弟而已矣！"不益可互相證明哉！《孝經》自秦火後，為河間顏芝所藏，厥後傳注不下數百家，而其書多無可攷。今所存者，惟孔安國、鄭康成及唐明皇三家，然皆隨經文敷衍，言理而未徵事，未能使讀之者感發激昂，歌泣而不能自已，猶以為天壤間缺事也。楚黄李定菴年祖以碩德宿學，久授生徒。其教人以孝為本，以《孝經》為宗，而又博極群書，蒐羅甚富。上自唐虞三代，下迄元明，凡孝子之嘉言實行，一一採輯，分為内、外二傳若干卷。《内傳》所載格言，固可以垂訓百世；至《外傳》所録古孝子生平事迹，其間有純行、有奇節，雖不必盡出於中庸，要其血性丹誠，鬼神可泣，異類可格，自皆不可得而磨滅也。先生聚古今來孝子於一書之中，醞釀元氣，薈萃懿媺，豈特表章之功偉乎！盖人之至性敦篤者，或無所感于往事，而亦自呈其天真，下此則不能無假於見聞，以生其感發激昂之致。今得先生是書，浸淫貫通，令人時歌時泣，不失天良，是真可以教孝矣。今聖天子德極大孝，遠邁隆古，首以孝治天下，而制科取士，兼設《孝經》。然則先生是書，不惟能體吾夫子"行在《孝經》"之意，而大有所闡揚，而於國家教化之道，其所裨益，夫豈細哉！今秋余奉使入粤，道出南康，石臺年伯出一編授余。因不揣鄙陋，綴數言於簡端，以告天下凡爲人子者，亦以見年伯継志述事之大孝為不可及也已。

康熙庚子仲冬上浣，海鹽年眷晚生俞鴻圖頓首拜撰。

吴　跋

南康李石臺大令，梓其尊公定庵先生《孝經内外傳》成，授余一編。讀竟，爲之整襟而興曰："世謂作者難，而未知述者尤不易也。"先生所著《家塾警言》以及《玉田》《寶藏》《雲湖》諸集，俱關聖道人心，久已家傳户誦。兹編乃教授生徒時所輯，首列正文，次羅行事，證以經史百家之言，而又獨運匠心，集腋成裘，殆不知硯幾穿而韋幾絶矣！其自序云：童子入俗未深，去道不遠，思有以變化其氣質。吾於此知先生學問深純，葢得"蒙以養正"之心傳。使當日出爲世用，其功業文章不知居何等矣！乃以明經終老，未克展其懷抱，不亦深可惜也哉！雖然，華膴者身後之浮名，而著述實不朽之盛業。今大令捷南宫，宰百里，五載於兹，其得之庭訓、見諸設施者，亦難枚舉。即如某某身列士林而兄弟參商，某某家本世胄而父子乖離，至於詰訟公庭，大令則摘取傳中一二條以勸諭之，終歸歡釋，此皆余所目睹者。今則風移俗易，莫不以孝弟力田爲務，駸駸乎太和之象，爲近古焉。異日者，大令考最登朝，以此書獻之當宁，頒之春官，公之海内。是先生能取千古人之書集爲一已之書，大令則以一已之書散爲天下人之書，於以翼聖道、正人心，厥功詎不偉歟！即以爲先生非述也，作也，亦無不可。

新安後學吴雯炯拜跋。

王　跋

嘗謂人子之孝於親也，有本之天性者，有得之學問者。本之天性者，雖慈父不能傳之子。得之學問者，兄弟可以相勉勵，師友可以相勸戒，甚之悖逆無知之徒，懿範當前，亦可相觀而化也。故經史百家無一書無言孝之文，而《孝經》又特爲古今教孝之全書。昔人謂讀《孝經》一卷，即可立身治國，此意自隋唐而後知之者鮮矣！己亥仲夏，御自嶺南至蓉江，明府李石臺先生挽留署中。居有間，授以太先生所輯《孝經内外傳》一書。御每焚香莊誦，未嘗不汗流浹背，而淚潸潸下也。葢御二齡喪母，戊子先嚴見背，計飽食煖衣於膝下者二十四年，曾不知孝養爲何事；况今十載不歸，春禴秋嘗，祭禮闕然，天壤間恐無此罪人也。自念此固天性之薄，實亦不學之過。嚮使御得早讀此書十年，雖甚饑寒困苦，寧肯捨吾父吾母之墳柩而遠遊他鄉耶！今見明府治邑如家，愛民如子，悉遵太先生之庭訓，而仍原本於《孝經内外傳》一書，康邑斯民獨何幸哉！由此推之，御又知此書出，而天下之人子皆奉爲金鑑，恐未能私爲李氏之球圖矣。

時康熙庚子初夏，關中後學王御政頓首拜識。

自　　序

余自丙午春迄今，更十秋，凡三歷西席，所教授皆童子也。童子者，情獨切於孺慕，愛未分於妻子，是無言之孝，余中心藏之矣。昔醫閭先生最喜教童子，謂其入俗未深而去道不遠，余亦云然。今童子漸長，余恐天性不足恃，而思以學問變化其氣質，然不得長者一言，終無徵不信。程知庵先生宦歸林下，余每接其緒論，言言皆龜鑑，而大旨惟以不離乎孝者近是。一日，先生謂余曰："孝道甚大，古人之言孝、行孝者甚多，惜乎散見於群書，而未專立一傳。吾每欲傳之，以示後學，而無如精神倦於筆硯何！"余曰："吾忝爲弟子師，而敢以後學煩先生哉！"於是乎竊取先生之意，本《孝經》而內、外傳之，《內傳》採孝子之嘉言，《外傳》採孝子之實行，合正文凡六卷，閱二載而成。質之知庵，知庵欣然曰："是可以梓矣，子其圖之。"或曰："孩提皆知孝，何必讀書。"余曰："不然。孩提之時少，不孩提之時多。秦之俗，豈盡如賈誼所言？父假耰鉏，子有德色；婦姑不相説，則反脣而相稽，毋亦其焚書之過乎？"或曰："孝顧力行何如耳，不在多言。"余曰："是矣，但言之不明，則行之亦不篤。昔陳元失愛於慈母，苟非仇覽與之講大倫、言至性以相感悟，陳元未必卒爲孝子。"或曰："孝，分內事也，不可言功。"余曰："孝雖不爲功，但凡罪或可逭，而不孝之罪無可逃。樹欲静而風不寧，子欲養而親不逮，此丘吾子之所以自溺也。罪乎？功乎？"或又曰："孝，門內瑣節也，弟子細行也，不足以責成人及天下。"余曰："此又與於不孝之甚者也。孝爲太和元氣，故唐虞之際，底豫克諧；文武周公，善繼善述。孝在天下，爲天下之元氣；在一國，爲一國之元氣；在一家一身，爲一家一身之元氣。以孝爲瑣節細行者，不亦管窺蠡測乎？"或復辨曰："孝莫大於尊養，貧賤者，尊養之薄也；

孝莫深於愛敬，儀文者，愛敬之名也。吾之論孝與子異。”余曰：“固已夫子之爲孝，不達於義也。宣聖以孝迪人，而顔、曾、閔、路不妨貧賤；丐兒以孝自盡，而拜、跪、歌、舞亦有儀文。使必尊養而後爲孝，則耕山漁河，何以先貧賤而升聞也？使必去儀文而後爲孝，則温凊定省，何以明愛敬而錫類也？誠如子言，是以寢門問豎爲近於名，而捧檄色喜爲薄於行矣，豈通論乎？”或起謝曰：“説必詳而後約，學必講而後明，吾非欲肆辨於子也。得子之説，始信孝子之言不可不多聞，而孝子之行不可不多見也。然取《孝經》而内、外傳之，亦有説乎？”余曰：“有孔子云：‘我志在《春秋》，行在《孝經》。’《春秋》莫大於尊王，《孝經》莫大於嚴父，則《孝經》之重於天壤間也與《春秋》并。左氏取《春秋》而内、外傳之，今《左傳》三十卷，《春秋》之内傳也，《國語》二十一篇，《春秋》之外傳也。詞不必與《春秋》類，而無不與《春秋》相發明焉。余之傳《孝經》而卷分内、外也，亦猶是焉爾。余漸摩童子之天性，親承長者之緒論久矣，不有斯傳，何以爲子？何以爲人？何以爲人子師？至於後有伐吾傳如伐左氏，黨吾傳如黨左氏者，吾不遑計也。”漫序於右。

康熙十五年，丙辰歲葭月上弦，楚黄後學李之素題於望花西壇。

孝經正文

楚黄李之素定庵述

開宗明義章第一

仲尼居，曾子侍。子曰：“先王有至德要道，以順天下，民用和睦，上下無怨。女知之乎？”曾子辟席曰：“參不敏，何足以知之？”子曰：“夫孝，德之本也，教之所繇生也。復坐，吾語女。身體髮膚，受之父母，不敢毁傷，孝之始也；立身行道，揚名於後世，以顯父母，孝之終也。夫孝，始於事親，中於事君，終於立身。《大雅》云：‘無念爾祖，聿修厥德。’”

曾子名參，少孔子四十六歲，志存孝道，故孔子因之以作《孝經》，以爲非孝子不可以傳吾道也。順天下，順人心之自然而教化之也。立身，成其身也。行道，即行此孝道也。無念，念也。引《詩》言爲人子孫，當恒念爾之先祖，傳述其功德而行之，勿墜其統緒也。

天子章第二

子曰：“愛親者，不敢惡於人；敬親者，不敢慢於人。愛敬盡於事親，而德教加於百姓，刑於四海，蓋天子之孝也。《甫刑》云：‘一人有慶，兆民賴之。’”

刑，型法也。甫刑，《周書・吕刑》也。一人，天子也。慶，善也。愛親、敬親者，天子自愛敬其親也。不敢惡於人、慢於人者，使人皆愛敬其親也。愛敬盡於天下之事親，而至德要道之教加於百姓，則四海慕化皆儀刑，而同歸於孝矣。引《書》之言有善皆賴，所謂上行下效也。

諸侯章第三

在上不驕，高而不危；制節謹度，滿而不溢。高而不危，所以長守貴也；滿而不溢，所以長守富也。富貴不離其身，然後能保其社稷，而和其民人，蓋諸侯之孝也。《詩》云："戰戰兢兢，如臨深淵，如履薄冰。"

制節，用財有節也。謹度，恪守法度也。引《小雅・小旻》之詩，言諸侯富貴不可驕溢，恐懼戒慎，使不至於墜陷也。

卿大夫章第四

非先王之法服不敢服，非先王之法言不敢道，非先王之德行不敢行。是故非法不言，非道不行；口無擇言，身無擇行；言滿天下無口過，行滿天下無怨惡。三者備矣，然後能守其宗廟，蓋卿大夫之孝也。《詩》云："夙夜匪懈，以事一人。"

無擇，言、行皆遵法合道而無容選擇也。三者備，服飾、言、行皆全備無虧也。引《蒸民》之詩，言卿大夫當敬事天子，以保宗廟永奉祭祀也。

士章第五

資於事父以事母，而愛同；資於事父以事君，而敬同。故母取其愛，而君取其敬，兼之者父也。故以孝事君則忠，以敬事長則順。忠順不失，以事其上，然後能保其禄位，而守其祭祀，蓋士之孝也。《詩》云：“夙興夜寐，無忝爾所生。”

資，取也。以，用也。愛同，愛父與愛母同也。敬同，敬父與敬君同也。合愛與敬而兼之者，惟父然也。長、上，皆指君。引《小雅·宛》之詩，言士行孝，當夙夜勤謹，無辱其父母也。

庶人章第六

用天之道，分地之利，謹身節用，以養父母，此庶人之孝也。故自天子至於庶人，孝無終始，而患不及者，未之有也。

天道，春生夏長，秋收冬藏也。地利，高下燥濕所産之利也。謹修其身，不妄爲也；節省其用，不妄費也。獨不引《詩》者，義盡於此，不容贅也。結言孝無貴賤、始終之異，而患孝道至大，己身不能企及者，自古至今，未有此理。天子、庶人之孝，分量不同，而孝則一；天子、庶人不同，而天則一。庶人之養親，即庶人之事天。恐後世尚以分量大小觀孝，故曰“啜菽飲水盡其歡，斯之謂孝”。

三才章第七

曾子曰：“甚哉！孝之大也。”子曰：“夫孝，天之經也，地之義也，民之行也。天地之經，而民是則之。則天之明，因地之利，以順天下。是以其教不肅而成，其政不嚴而治。先王見教之可以化民也，是故先之以博愛，而民莫遺其親；陳之以德義，而民興行；先之以敬讓，而民不争；導之以禮樂，而民和睦；示之以好惡，而民知禁。《詩》云：‘赫赫師尹，民具爾瞻。’”

天以生覆爲常，故曰經；地以承順利物爲宜，故曰義。則，法也。肅，戒也。夫子言孝道雖大，豈自先王有哉！人生天地之間，得天之性爲慈愛，得地之性爲恭順，慈愛恭順，即爲孝行也。孝本天地之常經，而人取則焉。故聖人法天之明以顯其常，因地之利以行其宜。順此以施政教，故不肅戒而成，不威嚴而治。博愛、德義、敬讓、禮樂、好惡，皆以孝言。引《南山》之詩，言太師爲民模範，不可不慎也。

孝治章第八

子曰："昔者明王之以孝治天下也，不敢遺小國之臣，而况於公、侯、伯、子、男乎？故得萬國之歡心，以事其先王。治國者，不敢侮於鰥寡，而况於士民乎？故得百姓之歡心，以事其先君。治家者，不敢失於臣妾，而况於妻子乎？故得人之歡心，以事其親。夫然，故生則親安之，祭則鬼享之。是以天下和平，災害不生，禍亂不作。故明王之以孝治天下也如此。《詩》云：'有覺德行，四國順之。'"

小國之臣，子、男之卿大夫也。覺，大也。順，從也。事先王、事先君，以盡職助祭言。安之，安其養也；享之，享其祭也。和平，從其治也。引《大雅·抑》之詩，言有大德行，而爲四國之從者以證之。

聖治章第九

曾子曰："敢問聖人之德，無以加於孝乎？"子曰："天地之性人爲貴。人之行莫大於孝，孝莫大於嚴父，嚴父莫大於配天，則周公其人也。昔者周公郊祀后稷以配天，宗祀文王於明堂以配上帝，是以四海之内各以其職來祭。夫聖人之德，又何以加於孝乎？故親生之膝下，以養父母日嚴。聖人因嚴以教敬，因親以教愛。聖人之教不肅而成，其政不嚴而治，其所因者本也。父子之道，天性也，君臣之義也。父母生之，續莫大焉；君親臨之，厚莫重焉。故不愛其親而愛他人者，謂之悖德；不敬其親而敬他人者，謂之悖禮。以順則逆，民無則焉。不在於善，而皆在於凶德。雖得之，君子不貴也。君子則不然，言思可道，行思可樂，德義可尊，作事可法，容止可觀，進退可度，以臨其民。是以其民畏而愛之，則而象之。故能成其德教，而行其政令。《詩》云：'淑人君子，其儀不忒。'"

嚴，尊敬也。敬之大者，莫如配享上天。周公攝政，郊祀祭天，則以后稷配，尊后稷猶天也；宗祀祭上帝，則以文王配，尊文王猶上帝也。周公尊敬其祖父，則德教刑於四海，而四海諸侯皆來助祭，孝道之感人如是。故親愛之心生於膝下，孩幼之年漸長，則日加尊嚴，以致敬於父母。是以聖人因親嚴之心，敦其愛敬之教，所以不待肅嚴而成治也。其所因者，本於孝也。續者，父子相繼，人倫莫大於此也。親爲君以臨乎己，三綱莫重乎此也。苟自不能愛敬其親，而教令他人皆愛敬其親者，是謂悖逆本心之德、天理之宜也。惟人君合行政教，以順天下。今自逆不行，使天下之民無所法則，乃不在於愛敬之善，而皆在於悖逆之凶德。雖得志居於民上，而有道君子能不賤惡之哉！若聖人君子，則不爲悖德、悖禮之事，必思合於義理而後言，必思悦於人心而後行。故立德制義，不違於道，而言可尊崇；制作事業，必得其宜，而行可法則；威儀動静，合於規矩，而可爲觀望，可爲法度。君行此六者以臨蒞斯民，則民皆畏威懷德而則象之。故上行下效，德教以此而成，政令以此而行也。引《曹風·鳲鳩》之詩，言君子威儀無有差忒，豈不爲人法則哉？信乎，君子之德不可少也。

紀孝行章第十

子曰："孝子之事親也，居則致其敬，養則致其樂，病則致其憂，喪則致其哀，祭則致其嚴。五者備矣，然後能事親。事親者，居上不驕，爲下不亂，在醜不争。居上而驕則亡，爲下而亂則刑，在醜而争則兵。三者不除，雖日用三牲之養，猶爲不孝也。”

五者咸備，能盡人道矣，而盡性盡天存焉。三者不除，去天遠矣，必致危亡之禍。雖日奉牛羊豕三牲之養，自謂盡禮，親得安坐而食乎？故知事親自謹身始。

五刑章第十一

子曰：“五刑之屬三千，而罪莫大於不孝。要君者無上，非聖人者無法，非孝者無親，此大亂之道也。”

五刑，墨、劓、剕、宫、大辟也。墨屬千，劓屬千，剕屬五百，宫屬三百，大辟屬二百。要，有所挾而求也。非，詆毁之也。聖人知不孝即大亂之道，故因不孝而立刑書。

廣要道章第十二

子曰：“教民親愛，莫善於孝；教民禮順，莫善於悌；移風易俗，莫善於樂；安上治民，莫善於禮。禮者，敬而已矣。故敬其父則子悦，敬其兄則弟悦，敬其君則臣悦，敬一人而千萬人悦。所敬者寡而所悦者衆。此之謂要道也。”

夫子言君欲教民親於君而愛之者，莫善於身自行孝，則君行而民效之，皆親愛其君矣；欲教民禮於長而順之者，莫善於身自行悌，則上行而下效之，皆順從其長矣。禮、樂皆本孝悌言。天子敬一父、兄、君，而千萬人之爲子、弟、臣者皆悦，此要道之義也。

廣至德章第十三

子曰："君子之教以孝也，非家至而日見之也。教以孝，所以敬天下之爲人父者也；教以悌，所以敬天下之爲人兄者也；教以臣，所以敬天下之爲人君者也。《詩》云：'豈弟君子，民之父母。'非至德，孰能順民如此其大者乎？"

子言君子教人以孝事親，非必人人耳提面命，但自行孝於內，則其化自流於外。身教以孝，則天下皆知敬父；身教以悌，則天下皆知敬兄；身教以臣，則天下皆知敬君。引《詩》言君子能順民心而行教化，以爲民之父母。非至德之君，孰能順民心如此其廣大者乎？

廣揚名章第十四

子曰："君子之事親孝，故忠可移於君；事兄悌，故順可移於長；居家理，故治可移於官。是以行成於内，而名立於後世矣。"

居家理，行成於内，俱本孝悌言。

諫諍章第十五

曾子曰："若夫慈愛恭敬，安親揚名，則聞命矣。敢問子從父之令，可謂孝乎？"子曰："是何言與！是何言與！昔者天子有争臣七人，雖無道，不失其天下；諸侯有争臣五人，雖無道，不失其國；大夫有争臣三人，雖無道，不失其家；士有争友，則身不離於令名；父有争子，則身不陷於不義。故當不義，則子不可以不争於父，臣不可以不争於君。故當不義則争之，從父之令，又焉得爲孝乎？"

陷親不義，不得爲孝。

感應章第十六

子曰："昔者明王事父孝，故事天明；事母孝，故事地察；長幼順，故上下治。天地明察，神明彰矣。故雖天子，必有尊也，言有父也；必有先也，言有兄也。宗廟致敬，不忘親也；修身慎行，恐辱先也。宗廟致敬，鬼神著矣。孝悌之至，通於神明，光於四海，無所不通。《詩》云：'自西自東，自南自北，無思不服。'"

王者父天而母地，故事父母孝，則事天之道能明，事地之義能察。又於宗族之中皆順於理，則上下之人無不自化矣。事天地既能明察，必致福應，而神明之功效彰矣。宗廟致敬，又從事父兄而推廣之，皆不忍忘親之意也。恐辱先，恐其德業不能世守也。鬼神著，祖考來格而福禄綏之也。若能敬宗廟，順長幼，以極孝悌之心，則感通神明，誠無不格；光照四海，理無不明矣。引《有聲》之詩，言遠近皆心服，益見德化之感應無所不通也。

事君章第十七

子曰："君子之事上也，進思盡忠，退思補過，將順其美，匡救其惡，故上下能相親也。《詩》云：'心乎愛矣，遐不謂矣。中心藏之，何日忘之？'"

子言君子事上，其進朝也，則思以己之善道盡忠於君；其退朝也，則思君有過失，己當補塞；進則復言，將順其君之美，匡救其君之惡。如此，則君臣上下情通志協，能相親也。引《小雅·隰桑》之詩，言忠臣事君，雖有時遠離，不在左右，然心乎愛君，不謂之遠。中心常藏此事君之道，何日得遺忘之乎？

喪親章第十八

子曰："孝子之喪親也，哭不偯，禮無容，言不文，服美不安，聞樂不樂，食旨不甘，此哀慼之情也。三日而食，教民無以死傷生，毁不滅性，此聖人之政也。喪不過三年，示民有終也。爲之棺槨衣衾而舉之，陳其簠簋而哀慼之，擗踊哭泣，哀以送之。卜其宅兆，而安厝之。爲之宗廟，以鬼享之；春秋祭祀，以時思之。生事愛敬，死事哀慼，生民之本盡矣，死生之義備矣，孝子之事親終矣。"

言孝子之喪親，哭以氣竭而止，無餘偯之聲；舉措進退之禮，無趨翔之容；有事應言，不爲文飾。人子不食，過三日則傷生矣，故不得哀死而傷生，雖毁瘠而不滅絶其性。及其將葬，則陳簠簋祭奠而加哀慼，男踊女擗，悲哀以往送之。爲墓於郊，卜選宅兆之地而安葬之。既葬之後，則爲宗廟，以鬼神之禮享之。三年之後，春秋祭祀，以時思親，不忍忘之。是以親存，則盡愛敬以事之；親亡，則盡哀慼以事之。生民一本之道盡矣，死生無憾之義備矣，孝子之事親乃克有終矣。爲人子者，取《孝經》之義熟玩而勉行之，庶乎子道全而人道亦無虧矣。

《孝經》正文終

朱子《孝經刊誤》古今文有不同者，别見《考異》

仲尼閒居，曾子侍坐。子曰：“參，先王有至德要道，以順天下，民用和睦，上下無怨。汝知之乎？”曾子避席曰：“參不敏，何足以知之？”子曰：“夫孝，德之本也，教之所由生。復坐，吾語汝。身體髮膚，受之父母，不敢毁傷，孝之始也；立身行道，揚名於後世，以顯父母，孝之終也。夫孝，始於事親，中於事君，終於立身。《大雅》云：‘毋念爾祖，聿修厥德。’”子曰：“愛親者，不敢惡於人；敬親者，不敢慢於人。愛敬盡於事親，而德教加於百姓，刑于四海，蓋天子之孝。《甫刑》云：‘一人有慶，兆民賴之。’”在上不驕，高而不危；制節謹度，滿而不溢。高而不危，所以長守貴；滿而不溢，所以長守富。富貴不離其身，然後能保其社稷，而和其民人，蓋諸侯之孝。《詩》云：“戰戰兢兢，如臨深淵，如履薄冰。”非先王之法服不敢服，非先王之法言不敢道，非先王之德行不敢行。是故非法不言，非道不行；口無擇言，身無擇行；言滿天下無口過，行滿天下無怨惡。三者備矣，然後能守其宗廟，蓋卿大夫之孝也。《詩》云：“夙夜匪懈，以事一人。”資於事父以事母，而愛同；資於事父以事君，而敬同。故母取其愛，而君取其敬，兼之者父也。故以孝事君則忠，以敬事長則順。忠順不失，以事其上，然後能保其爵禄，而守其祭祀，蓋士之孝也。《詩》云：“夙興夜寐，毋忝爾所生。”子曰：“用天之道，因地之利，謹身節用，以養父母，此庶人之孝也。故自天子以下至于庶人，孝無終始，而患不及者，未之有也。”

此一節夫子、曾子問答之言，而曾氏門人之所記也。疑所謂《孝經》者，其本文止如此。其下則或者雜引傳記以釋經文，乃《孝經》之傳也。竊嘗攷之，傳文固多傅會，而經文亦不免有離析增加之失。顧自漢以來，諸儒傳誦，莫覺其非，至或以爲孔子之所自著，則又可笑之尤者。蓋經之首統論孝之始終，中乃敷陳天子、諸侯、卿大夫、士、庶人之孝，而其末結之曰："故自天子以下至於庶人，孝無終始，而患不及者，未之有也。"其首尾相應，次第相承，文勢連屬，脉絡通貫，同是一時之言，無可疑者。而後人妄分以爲六、七章，今文作六章，古文作七章。又增"子曰"及引《詩》《書》之文以雜乎其間，使其文意分斷間隔，而讀者不復得見聖言全體大義，爲害不細。故今定此六、七章者合爲一章，而刪去"子曰"者二、引《書》者一、引《詩》者四，凡六十一字，以復經文之舊。其傳文之失，又別論之如左方。

曾子曰："甚哉！孝之大也。"子曰："夫孝，天之經，地之義，民之行。天地之經，而民是則之。則天之明，因地之義，以順天下。是以其教不肅而成，其政不嚴而治。先王見教之可以化民也，是故先之以博愛，而民莫遺其親；陳之以德義，而民興行；先之以敬讓，而民不争；導之以禮樂，而民和睦；示之以好惡，而民知敬。《詩》云：'赫赫師尹，民具爾瞻。'"

此以下皆傳文，而此一節蓋釋"以順天下"之意，當爲傳之三章，而今失其次矣。但自其章首以至"因地之義"，皆是《春秋左氏傳》所載子太叔爲趙簡子道子産之言，唯易"禮"字爲"孝"字，而文勢反不若彼之通貫，條目反不若彼之完備。明此襲彼，非彼取此，無疑也。子産曰："夫禮，天之經，地之義，民之行也。天地之經，而民實則之。則天之明，因地之性。"其下便陳天明地性之目，與其所以則之、因之之實。然後簡子贊之曰："甚哉！礼之大也。"首尾通貫，節目詳備，與此不同。其曰"先王見教之可以化民"，又與上文不相屬，故温公改"教"爲"孝"，乃得粗通。而下文所謂"德義""敬讓""禮樂""好惡"者卻不相應，疑亦裂取他書之成文而强加裝綴，以爲孔子、曾子之問答，但未見其所出耳。然其前段，文雖非是而理猶可通，存之無害；至於後段，則文既可疑，而謂聖人見孝可以化民，而後以身先之，於理又已悖矣。况"先之以博愛"亦非立愛惟親之序，若之何而能使民不遺其親耶？其所引《詩》亦不親切。今定"先王見教"以下凡六十九字并刪去。

子曰："昔者明王之孝治天下也，不敢遺小國之臣，而况於公、侯、伯、子、男乎？故得萬國之懽心，以事其先王。治國者不敢侮於鰥寡，而况於士民乎？故得百姓之懽心，以事其先君。治家者不敢失於臣妾，而况於妻子乎？故得人之懽心，以事其親。夫然，故生則親安之，祭則鬼享之，是以天下和平，災害不生，禍亂不作。故明王之以孝治天下如此。《詩》云：'有覺德行，四國順之。'"

此一節釋"民用和睦，上下無怨"之意，爲傳之四章。其言雖善，而亦非經文之正意。蓋經以孝而和，此以和而孝也。引《詩》亦無甚失，且其下文語已更端，無所隔礙，故今且得仍舊耳。後不言合刪改者放此。

曾子曰："敢問聖人之德，其無以加於孝乎？"子曰："天地之性人爲貴。人之行莫大於孝，孝莫大於嚴父，嚴父莫大於配天，則周公其人也。昔者周公郊祀后稷以配天，宗祀文王於明堂以配上帝，是以四海之內，各以其職來助祭。夫聖人之德又何以加於孝乎？故親生之膝下，以養父母日嚴。聖人因嚴以教敬，因親以教愛。聖人之教不肅而成，其政不嚴而治，其所因者本也。"

此一節釋"孝，德之本"之意，傳之五章也。但嚴父配天，本因論武王、周公之事而贊美其孝之詞，非謂凡爲孝者皆欲如此也。又况孝之所以爲大者，本自有親切處，而非此之謂乎？若必如此而後爲孝，則是使爲人臣子者皆有今將之心，而反陷於大不孝矣。作傳者但見其論孝之大，即以附此，而不知其非所以爲天下之通訓。讀者詳之，不以文害意焉可也。其曰"故親生之膝下"以下意卻親切，但與上文不屬，而與下章相近，故今文連下二章爲一章。但下章之首語已更端，意亦重複，不當通爲一章，此語當依古文且附上章，或自別爲一章可也。

子曰："父子之道天性，君臣之義。父母生之，續莫大焉；君親臨之，厚莫重焉。"子曰："不愛其親而愛他人者，謂之悖德；不敬其親而敬他人者，謂之悖禮。以順則逆，民無則焉。不在於善，皆在於凶德。雖得之，君子所不貴。君子則不然，言斯可道，行斯可樂，德義可尊，作事可法，容止可觀，進退可度，以臨其民。是以其民畏而愛之，則而象之。故能成其德教，而行政令。《詩》云：‘淑人君子，其儀不忒。’”

此一節釋“教之所由生”之意，傳之六章也。古文析“不愛其親”以下別爲一章，而各冠以“子曰”。今文則合之，而又通上章爲一章，無此二“子曰”字，而於“不愛其親”之上加“故”字。今詳此章之首，語實更端，當以古文爲正。“不愛其親”語意正與上文相續，當以今文爲正。至“君臣之義”之下，則又當有脱簡焉，今不能知其爲何字也。“悖禮”以上皆格言，但“以順則逆”以下則又雜取《左傳》所載季文子、北宫文子之言，與此上文既不相應，而彼此得失又如前章所論子産之語，今删去凡九十字。季文子曰：“以訓則昏，民無則焉。不度于善，而皆在于凶德，是以去之。”北宫文子曰：“君子在位可畏，施舍可愛，進退有度，周旋可則，容止可觀，作事可法，德行可象，聲氣可樂，動作有文，言語有章，以臨其下。”

子曰：“孝子之事親，居則致其敬，養則致其樂，病則致其憂，喪則致其哀，祭則致其嚴。五者備矣，然後能事親。事親者，居上不驕，爲下不亂，在醜不争。居上而驕則亡，爲下而亂則刑，在醜而争則兵。此三者不除，雖日用三牲之養，猶爲不孝也。”

此一節釋“始於事親”及“不敢毁傷”之意，乃傳之七章，亦格言也。

子曰：“五刑之屬三千，而罪莫大於不孝。要君者無上，非聖人者無法，非孝者無親，此大亂之道也。”

此一節因上文不孝之云而繫於此，乃傳之八章，亦格言也。

子曰：“教民親愛，莫善於孝；教民禮順，莫善於弟；移風易俗，莫善於樂；安上治民，莫善於禮。禮者，敬而已矣。故敬其父則子悦，敬其兄則弟悦，敬其君則臣悦，敬一人而千萬人悦。所敬者寡而悦者衆，此之謂要道。”

此一節釋“要道”之意，當爲傳之二章。但經所謂“要道”，當自己而推之，與此亦不同也。

子曰："君子之教以孝也，非家至而日見之也。教以孝，所以敬天下之爲人父者；教以悌，所以敬天下之爲人兄者；教以臣，所以敬天下之爲人君者。《詩》云：'愷悌君子，民之父母。'非至德，孰能順民如此其大者乎？"

此一節釋"至德以順天下"之意，當爲傳之首章。然所論至德，語意亦疎，如上章之失云。

子曰："昔者明王事父孝，故事天明；事母孝，故事地察；長幼順，故上下治。天地明察，神明彰矣。故雖天子，必有尊也，言有父也；必有先也，言有兄也。宗廟至敬，不忘親也；修身慎行，恐辱先也。宗廟致敬，鬼神著矣。孝悌之至，通於神明，光於四海，無所不通。《詩》云：'自西自東，自南自北，無思不服。'"

此一節釋"天子之孝"，有格言焉，當爲傳之十章。或云宜爲十二章。

子曰："君子之事親孝，故忠可移於君；事兄悌，故順可移於長；居家理，故治可移於官。是故行成於内，而名立於後世矣。"

此一節釋"立身揚名"及"士之孝"，傳之十一章也。或云宜爲九章。

子曰："閨門之内，具禮矣乎！嚴父嚴兄，妻子臣妾，猶百姓徒役也。"

此一節因上章三"可移"而言，傳之十二章也。嚴父，孝也；嚴兄，弟也；妻子臣妾，官也。或云宜爲十章。

曾子曰："若夫慈愛恭敬、安親揚名，參聞命矣。敢問從父之令，可謂孝乎？"子曰："是何言與！是何言與！昔者天子有争臣七人，雖無道，不失其天下；諸侯有争臣五人，雖無道，不失其國；大夫有争臣三人，雖無道，不失其家；士有争友，則身不離於令名；父有争子，則身不陷於不義。故當不義，則子不可以弗争於父，臣不可以弗争於君。故當不義則争之，從父之令，又焉得爲孝乎！"

此不解經而別發一義，宜爲傳之十三章。

子曰："君子事上，進思盡忠，退思補過，將順其美，匡救其

惡，故上下能相親。《詩》曰：‘心乎愛矣，遐不謂矣。中心藏之，何日忘之？’

此一節釋忠於事君之意，當爲傳之九章，或云宜爲十一章。因上章“争臣”而誤屬於此耳。“進思盡忠，退思補過”，亦《左傳》所載士貞子語，然於文理無害。引《詩》亦足以發明“移孝事君”之意，今并存之。

子曰：“孝子之喪親，哭不偯，禮無容，言不文，服美不安，聞樂不樂，食旨不甘，此哀戚之情。三日而食，教民無以死傷生，毁不滅性，此聖人之政。喪不過三年，示民有終。爲之棺槨衣衾而舉之，陳其簠簋而哀戚之，辟踊哭泣，哀以送之。卜其宅兆，而安措之。爲之宗廟，以鬼享之；春秋祭祀，以時思之。生事愛敬，死事哀戚，生民之本盡矣，死生之義備矣，孝子之事親終矣。”

傳之十四章。亦不解經而别發一義，其語尤精約也。

熹舊見衡山胡侍郎《論語説》，疑《孝經》引《詩》非經本文。初甚駭焉，徐而察之，始悟胡公之言爲信，而《孝經》之可疑者不但此也。因以書質之沙隨程可久丈，程答書曰：“頃見玉山汪端明，亦以爲此書多出後人傅會。”於是乃知前輩讀書精審，其論固已及此。又竊自幸有所因述，而得免於鑿空妄言之罪也。淳熙丙午八月十二日記。

孝經内傳卷之一

楚黄李之素定庵編輯

大哉乾元！萬物資始，乃統天。《乾卦》

蘭廷瑞曰："乾元者，天陽一元之氣，亦如人之有元氣也。人知萬物之生於地，而不知天以乾元之氣爲之始，亦如人之生於母，而不知資始於父之元氣也。始之於未生之前，生之於有始之後。"

至哉坤元！萬物資生，乃順承天。坤厚載物，德合無疆。《坤卦》

程頤曰："萬物資乾以始，資坤以生，父母之道也。順承天施，以成其功，坤之厚德，持載萬物，合於乾之無疆也。"

家人有嚴君焉，父母之謂也。父父，子子，兄兄，弟弟，夫夫，婦婦，而家道正。正家而天下定矣。《家人卦》

程頤曰："無尊嚴則孝敬衰。"

有天地然後有萬物，有萬物然後有男女，有男女然後有夫婦，有夫婦然後有父子，有父子然後有君臣，有君臣然後有上下，有上下然後理義有所錯。

乾，天也，故稱乎父；坤，地也，故稱乎母。震，一索而得男，故謂之長男；巽，一索而得女，故謂之長女。坎，再索而得男，故謂之中男；離，再索而得女，故謂之中女。艮，三索而得男，故謂之少男；兑，三索而得女，故謂之少女。《繫辭》

朱震曰："將説天地生物而先言人者，天地之性人爲貴，萬物皆備於人也。乾，天也，爲陰之父；坤，地也，爲陽之母。萬物分天地也，男女分萬物也，察乎此，則天地與我并生，萬物與我同體。是故聖人親其親，長其長，而天下平；伐一草木，殺一禽獸，非其時，謂之不孝。"

柴中行曰："物物有男女之象，天地之性人爲貴，故以人言之耳。

或曰乾坤生萬物，孰見其長、中、少？物自爲父母而生也，殊不知父母之生師天地之生，豈父母之外别有天地之生乎？”

帝曰：“契，百姓不親，五品不遜，汝作司徒，敬敷五教在寬。”《舜典》

五品，父子、君臣、夫婦、長幼、朋友五者之名位等級也。五教，父子有親、君臣有義、夫婦有别、長幼有序、朋友有信，以五者當然之理而爲教令也。聖賢之於事，雖無所不敬，而此又事之大者，故特以敬言之。蓋五者之理，出於人心之本然，非有强而後能者。自其拘於氣質之偏，溺於物欲之蔽，始有昧於其理而不相親愛、不相遜順者。因申命契仍爲司徒，使之敬以敷教，而又寬裕以待之。使其優柔浸漬，以漸而入，則其天性之真，自然呈露，不能自已，而無無耻之患矣。

伊尹曰：“今王嗣厥德，罔不在初，立愛惟親，立敬惟長，始於家邦，終於四海。”《伊訓》

謹始之道，孝弟而已。孝弟者，人心之所同，非必人人教詔之。立愛敬於此，而刑愛敬於彼，親吾親以及人之親，長吾長以及人之長。始於家，達於國，終而措之天下矣。

王曰：“封，元惡大憝，矧惟不孝不友！子弗祗服厥父事，大傷厥考心。於父不能字厥子，乃疾厥子。於弟弗念天顯，乃弗克恭厥兄。兄亦不念鞠子哀，大不友於弟。惟弔兹，不於我政人得罪，天惟與我民彝大泯亂。曰：乃其速由文王作罰，刑兹無赦。”《康誥》

寇攘姦宄，固大可惡矣，然於大倫，猶未斁也。况不孝不弟之人尤爲可惡者乎！蓋不孝之子不能敬事其父，大傷其父心，以致爲父者亦不能愛其子，乃疾惡其子，是父子相夷也。天顯，猶《孝經》所謂“天明”尊卑顯然之序也。於弟不念上天顯設長幼之倫紀，不能敬事其兄，以致爲兄者亦不念父母鞠養之勞，大不友於弟，是兄弟相賊矣。父子兄弟至於如此，不於我治政之臣而得罪焉，則天與吾民之常道必大泯滅而紊亂矣。罰可乎？汝其速由文王監殷所作之罰，刑此不孝不弟之人，不可緩也。

王曰："妹土嗣爾股肱純，其藝黍稷，奔走事厥考厥長。肇牽車牛，遠服賈，用孝養厥父母。厥父母慶，自洗腆，致用酒。"《酒誥》

此武王教妹土之民，當嗣續汝四肢之力，無有怠惰，大修農功，服勞田畝，奔走以事其父母。或敏於貿易，牽車牛，遠事賈，以孝養其父母。父母喜慶，然後可自洗腆，致用酒。洗以致其潔，腆以致其厚也。

成王曰："爾尚蓋前人之愆，惟忠惟孝。爾乃邁迹自身，克勤無怠，以垂憲乃後。率乃祖文王之彝訓，無若爾考之違王命。"《蔡仲之命》

蔡叔之罪，在於不忠不孝，仲能掩前人之愆者，惟在於忠孝而已。叔違王命，仲無所因，故曰"邁迹自身，克勤無怠"，所謂自身也；"垂憲乃後"，所謂邁迹也。能如是，則可謂率乃祖文王忠孝之常訓，不若爾父之不忠不孝，而違王命者矣。

陟彼岵兮，瞻望父兮。父曰：嗟！予子行役，夙夜無已。上慎旃哉！猶來無止！陟彼屺兮，瞻望母兮。母曰：嗟！予季行役，夙夜無寐。上慎旃哉！猶來無棄！陟彼岡兮，瞻望兄兮。兄曰：嗟！予弟行役，夙夜必偕。上慎旃哉！猶來無死！

《小序》曰："孝子行役，思念父母也。"

輔廣曰："既思其父，又思其母，又思其兄。既想像其念己之言，又想像其祝己之言，曰庶幾其謹之哉。則斯人也，必能以其親之心爲心，亦可謂賢矣。"

言告師氏，言告言歸。薄污我私，薄澣我衣。害澣害否，歸寧父母。以上《國風》

朱善曰："師氏，導我者也，每事詢訪，不敢耑也。父母，生我者也，及時問安，不敢忘也。君子，宗主我者也，因師致告，不敢褻也。"

蓼蓼者莪，匪莪伊蒿。哀哀父母，生我劬勞。蓼蓼者莪，匪莪伊蔚。哀哀父母，生我勞瘁。瓶之罄矣，維罍之耻。鮮民之生，不如死之久矣。無父何怙！無母何恃！出則銜恤，入則靡至。父兮生我，母

兮鞠我。拊我畜我，長我育我，顧我復我，出入腹我。欲報之德，昊天罔極！《小雅》

謝枋得曰："此章形容父母愛子之心盡之矣。生我，如天之生物也。鞠我，如地之養物也。拊我，撫摩其身體，察其肥瘠，憂其疥癬也。畜者，謹其出入，察其起居，藏之堂奥之中，不敢縱之門庭之外，惟恐其疾病也。長者，如南風之長萬物，調和其身體，資養其血氣，日夜望之長大。育者，如《易》曰"育德"，孟子教育英材，涵養其德性，發舒其志氣，開導其聰明，日夜望其成人也。顧者，父母行而兒不隨，則回顧之也。復者，兒行而父母不隨，則追喚之也。腹者，懷抱於腹間也，父母有所往，懷抱其子而不忍捨；父母自外歸，既入門，懷抱其子而未肯置人。能深思九字之義，必不忘父母之恩矣。"

成王之孚，下土之式。永言孝思，孝思惟則。《大雅》

朱熹《集傳》曰："言武王所以能成王者之信，而爲四方之法者，以其長言孝思而不忘，是以其孝爲可法耳。若有時而忘之，則其孝者僞耳，何足法哉！"

凡爲人子之禮，冬温而夏凊，昏定而晨省，在醜夷平等也不争温、凊、定、省，養其体也。不忘身及親，養其志也。

見父之執，不謂之進不敢進，不謂之退不敢退，不問不敢對，此孝子之行也。

方慤曰："孔子曰：'愛親者，不敢惡於人；敬親者，不敢慢於人。'見父之執，於進退之節有所不敢，則一舉足，不敢忘親可知；於對問之節有所不敢，則一出言，不敢忘親可知。孝子之行，孰過於是？"

夫爲人子者，出必告音梏，反必面自外來，欲省顔色，故言面。所遊必有常，所習必有業，恒言不稱老。

陳澔曰："恒言，平常言語之間也。自以老稱，則尊同於父母，而父母爲過於老矣。古人所以斑衣娱戲者，欲安父母之心也。"

爲人子者，居不主奥室西南隅，坐不中席主奥、中席，皆尊者之道也，行不中道，立不中門不敢迹尊者之所行，食音嗣饗不爲槩不爲槩量限節，順親之心也，祭祀不爲尸人子所不安。聽於無聲，視於無形先意承志。不登高，不臨深。不苟訾音紫，爲近于讒，不苟笑爲近于諂，不服闇不欺人所不見也，不登危不行險以徼幸。懼辱親也。父母存，不許友以死不爲友報讎，不有私財。

父母有疾，冠者不櫛不爲飾也，行不翔不爲容也，言不惰惰，訛不正之言，琴瑟不御，食肉不至變味多品厭飫，則口味變，飲酒不至變貌人有常貌，過量則變。笑不至矧齒本曰矧，見矧，是大笑也，怒不至詈怒罵曰詈，怒而至詈，是甚怒也，疾止復故復其故常。

居喪之禮，毀瘠羸瘦不形不露骨，視聽不衰，升降不由阼階，出入不當門隧。居喪之禮，頭有創平聲則沐，身有瘍音羊則浴，有疾則飲酒食肉，疾止復初。不勝音升喪，乃比於不慈不孝下不足以傳後，故比於不慈；上不足以奉先，故比於不孝。

方慤曰："毀瘠不形，慮或至於滅性故也。居喪之禮，雖哭泣無時，然不可以過哀而喪其明焉；雖聞樂不樂音洛然不可以過哀而聵其聽焉。視聽衰，則不足以當大事也，《雜記》《禮記》篇名言'視不明，聽不聰，君子病之'者以此。前言爲人子者，居不主奥，行不中道。及其居喪，則升降不由阼階，出入不當門隧者，事死如事生也。"

子之事親也，三諫而不聽，則號泣而隨之。君有疾，飲藥，臣先嘗之。親有疾，飲藥，子先嘗之。醫不三世，不服其藥。以上《曲禮》

子路曰："吾聞諸夫子：'喪禮，與其哀不足而禮有餘也，不若禮不足而哀有餘也。祭禮，與其敬不足而禮有餘也，不若禮不足而敬有餘也。'"

喪禮，哀戚之至也。節哀，順變也，君子念始之者也。

陳澔曰："孝子之哀，發於天性之極至，豈可止遏。聖人制禮以節其哀，蓋順以變之也。言順孝子之哀情，漸變而輕減也。始，猶生也。生我者父母，毀而滅性，是不念生我者矣。"

子路曰："傷哉貧也！生無以爲養，死無以爲禮也。"孔子曰：

“啜菽飲水盡其歡，斯之謂孝。斂首足形，還葬而無椁，稱其財，斯之謂禮。” 以上《檀弓》

子事父母，雞初鳴，咸盥漱音素，櫛、縰音洗、笄音基、總、拂髦、冠、緌、纓、端、韠音必、紳、搢笏。左右佩用。雞初鳴，咸盥漱者，夙興以致其潔也。櫛，梳也。縰，韜髮作髻也。笄，加簪也。總，束髮飾髻也。髦，用髮爲之。古人生子三月，則剪胎髮爲髦，帶之于首，男左女右。逮笄冠，以絲飾之，加于冠，則謂之髦，所以不忘父母生育之恩也。拂，去其髦上之塵也。纓，冠之絲，結于頷下以固冠者也。緌，纓之下垂者也。端，元端服也。韠，蔽膝也。紳，大帶也。笏，用竹爲之，插于帶中所以記事也。左右佩，所佩之物如帨刀之類，所以備尊長使令之用也。

婦事舅姑，如事父母，雞初鳴，咸盥漱、櫛、縰、笄、總、衣紳，左右佩用。衣紳，着衣而加紳也。備用，如鍼線之類也。以適父母舅姑之所。及所至寢所也，下氣怡聲，問衣燠寒，疾痛苛癢，而敬抑搔之。出入則或先或後，而敬扶持之。進盥，少者奉槃，長者奉水，請沃盥，盥卒，授巾。問所欲而敬進之，柔色以温之。苛，疥也。有疾而痛，則敬而抑以摩之；有苛而癢，則敬而搔以爬之。先後扶持，防其顛危也。進盥則少者奉槃，器輕易舉也。長者奉水，水滿恐覆也。温者，承藉之義也。敬者，或過于肅，故又柔色以承藉尊者之意也。

父母舅姑之衣、衾、簟、席、枕、几不傳；杖、屨，祗敬之，勿敢近。敦、牟、卮、匜，非餕莫敢用。與恒飲食，非餕莫之敢飲食。傳，移也。置有常處，子婦不敢移置他處。杖、屨，服御之重者，敬之不敢近，恐污穢也。敦與牟，盛黍稷器。卮，盛酒器。匜，盛水漿器。食餘曰餕。非食用之餘不敢先者，恐私擅不敬也。

在父母、舅姑之所，有命之，應“唯”，敬對，進退周旋慎齊，升降出入揖遊，不敢噦噫、嚏咳、欠伸、跛倚、睇視，不敢唾洟音替。寒不敢襲重衣也。癢不敢搔。不有敬事，不敢袒裼。不涉不撅，褻衣衾不見裏。應“唯”，聞聲而速應。敬對，有問而謹容。慎齊，此心謹慎齊莊，不敢放肆。揖，俯也。遊，揚也。升階而入，將近尊長，其容俯若揖；降階而出，漸遠尊長，其容舒若遊。皆容之恭也。噦，嘔逆聲。噫，哀聲。嚏，噴嚏。咳，嗽聲。此聲之不恭也。欠，氣乏。伸，体倦。跛，偏任一足也。倚，倚着于物也。睇視，邪視也。此氣之不恭也。洟，由鼻出者。此貌之不恭也。敬事，謂習射。擫，謂揭其裳。言非習射則不敢袒裼而露臂，非涉水則不敢擫而揭裳，褻衣衾近身常穢，故不敢見其裏，皆畏其不恭也。

父母唾洟[1]不見。冠帶垢，和灰請漱；衣裳垢，和灰請澣；衣裳綻裂，紉箴請補綴。不見，謂即刷除之，不使見示于人也。漱、澣，皆洗濯之事。和灰，如今人用灰湯也。以線貫箴爲紉。

嚴陵方氏曰："子之於親也，衣而寒燠則問之，體之苛癢則搔之，而於己則寒不敢襲，癢不敢搔。以至父母之唾洟不見，而己則唾洟不敢。其所以愛親之心，可謂至矣。"

父母有過，下氣怡色，柔聲以諫。諫若不入，起敬起孝，説音悦。則復扶又反，下同。諫；不説，與其得罪於鄉黨州閭，寧孰諫。謂純熟殷勤而諫，若物之成熟然。父母怒，不説，而撻之流血，不敢疾怨，起敬起孝。

真德秀曰："起者，悚然興起之意。孰者，反覆純熟之謂。不諫，是陷其親於不義，得罪於州里。等而上之，諸侯而不諫，則使其親得罪於國人；天子而不諫，則使其親得罪於天下。是以寧熟諫也。怒而撻之，猶不敢怨，况下於此者乎！諫不入，起敬起孝；諫而怒，亦起敬起孝。敬孝之外，豈容有他哉！豈容一息忘哉！"

父母雖没，將爲善，思貽父母令名，必果；將爲不善，思貽父母羞辱，必不果。

曾子曰："孝子之養老也，樂其心，不違其志，樂其耳目，安其寢處，以其飲食忠養之，孝子之身終。終身也者，非終父母之身，終其身也。是故父母之所愛亦愛之，父母之所敬亦敬之。至於犬馬盡然，而況於人乎！"以上《内则》

真德秀曰："孝子愛敬之心，無所不至，故父母之所愛敬者，雖犬馬之賤亦愛敬之，况人乎哉！姑舉其敬者言之：若兄若弟，吾父母之所愛也，吾其可以不愛之乎！若薄之，是薄吾父母也。若親若賢，吾父母之所敬也，吾其可以不敬之乎！若嫚之，是嫚吾父母也。推類而長，莫不皆然。若晉武惑馮紞之讒，不思太后之言，而疏齊王攸；唐高宗溺武氏之寵，不念太宗顧託之命，而殺長孫無忌，皆《禮經》之罪人也。”

父命呼，唯而不諾，手執業則投之，食在口則吐之，走而不趨。

親老，出不易方，復不過時。親㾓，色容不盛。此孝子之疏節也。

父没而不能讀父之書，手澤存焉爾。母没而杯圈不能飲焉，口澤之氣存焉爾。以上《玉藻》

先王之孝也，色不忘乎目常若承顧，聲不絶乎耳常若聽命，心志嗜欲不忘乎心。致愛則存，致慤則著。著存不忘乎心，夫安得不敬乎！君子生則敬養，死則敬享，思終身弗辱也。

輔廣曰：“‘天地之性人爲貴。人之行莫大於孝’，乃人之心也。先王能存其心，故父母之容色自不忘於目，父母之聲音自不絶於耳，父母之心志嗜欲自不忘乎心。此固非勉强矯拂之所能然也，亦致吾心之愛與敬而已。愛則心也，故曰存；慤則誠也，故曰著。著存不忘乎心，則‘洋洋乎如在其上，如在其左右’，‘不可度思，矧可射思’，夫安得不敬乎？”又曰：“一息不敬，則絶乎理，絶乎理，則辱其親矣。故生則敬養，死則敬享，是乃思終身弗辱也。”

孝子之有深愛者，必有和氣；有和氣者，必有愉色；有愉色者，必有婉容。孝子如執玉，如奉盈，洞洞屬屬然，如弗勝，如將失之。嚴威儼恪，非所以事親也，成人之道也。

曾子曰：“孝有三：大孝尊親，其次弗辱，其下能養。”公明儀問於曾子曰：“夫子可以爲孝乎？”曾子曰：“是何言與！是何言與！君子之所謂孝者，先意承志，諭父母於道。參，直養者也，安能爲孝乎？”

曾子曰：“身也者，父母之遺體也。行父母之遺體，敢不敬乎？居處不莊，非孝也。事君不忠，非孝也。涖官不敬，非孝也。朋友不信，非孝也。戰陳無勇，非孝也。五者不遂，災及於親，敢不敬乎！”

君子之所謂孝也者，國人稱願，然曰：“幸哉，有子如此！”，所謂孝也已。衆之本教曰孝，其行曰養。養可能也，敬爲難；敬可能也，安爲難；安可能也，卒爲難。父母既没，慎行其身，不遺父母惡名，可謂能終矣。仁者，仁此者也。禮者，履此者也。義者，宜此者也。信者，信此者也。强者，强此者也。樂自順此生，刑自反此作。

曾子曰：“夫孝，置之而塞乎天地，溥之而横乎四海，施諸後世而無朝夕，推而放諸東海而準，推而放諸西海而準，推而放諸南海而準，推而放諸北海而準。《詩》云：‘自西自東，自南自北，無思不服。’此之謂也。”

孝有三：小孝用力，中孝用勞，大孝不匱。思慈愛忘勞，可謂用力矣。尊仁安義，可謂用勞矣。博施備物，可謂不匱矣。父母愛之，喜而弗忘；父母惡之，懼而無怨。父母有過，諫而不逆。父母既没，必求仁者之粟以祀之，此之謂禮終。

孝子將祭祀，必有齊莊之心以慮事，以具服物，以修宫室，以治百事。及祭之日，顔色必温，行必恐，如懼不及愛然。其奠之也，容貌必温，身必詘，如語焉而未之然。宿者皆出，其立卑静以正，如將弗見然。及祭之後，陶陶遂遂，如將復入然。是故慤善不違身，耳目不違心，思慮不違親。結諸心，形諸色，而術省之，孝子之志也。以上《祭義》

凡治人之道，莫急於禮；禮有五經，莫重於祭。夫祭者，非物自外至者也，自中出生於心者也。心怵而奉之以禮。是故唯賢者能盡祭之義。賢者之祭也，必受其福，非世所謂福也。福者，備也。備者，百順之名也。無所不順者之謂備。言内盡於己，而外順於道也。忠臣以事其君，孝子以事其親，其本一也。上則順於鬼神，外則順於君長，内則以孝於親，如此之謂備。唯賢者能備，能備然後能祭。是故賢者之祭也，致其誠信，與其忠敬，奉之以物，道之以禮，安之以樂，參之以時，明薦之而已矣，不求其爲。此孝子之心也。

孝子之事親也，有三道焉：生則養，没則喪，喪畢則祭。養則觀其順也，喪則觀其哀也，祭則觀其敬而時也。盡此三道者，孝子之行也。以上《祭統》

方慤曰："以養志爲上，養口體爲下，此養之順也。發音聲而見於衣服，此喪之哀也。所以交於神明者，祭之敬也。所以節其疏數者，祭之時也。孔子曰：'養則致其樂，喪則致其哀，祭則致其嚴。'又曰：'春秋祭祀，以時思之。'其言正與此合。"

葉夢得曰："'養則致其樂'，而此觀其順者，順爲樂之形也。'喪則致其哀'，而此觀其哀者，哀爲喪之本也。'祭則致其嚴'，而此觀其敬者，敬爲嚴之體也。"

孔子曰："仁人不過乎物，孝子不過乎物。是故仁人之事親也如事天，事天如事親，是故孝子成身。"《哀公問》

曾子曰："人之生也，百歲之中，有疾病焉，有老幼焉，故君子思其不可復者而先施焉。親戚既没，雖欲孝，誰爲孝？年既耆艾，雖欲悌，誰爲悌？故孝有不及，悌有不時，其此之謂與！"《大戴禮》

鄭武公娶於申，曰武姜，生莊公及共叔段。莊公寤生，驚姜氏，遂惡莊公而愛共叔段。欲立之，武公弗許。及莊公即位，克段于鄢。乃寘姜氏於城潁，而誓之曰："不及黄泉，無相見也！"既而悔之。潁考叔爲潁谷封人，聞之，有獻於公。公賜之食，食舍肉。公問之，對曰："小人有母，皆嘗小人之食矣，未嘗君之羹，請以遺之。"公曰："爾有母遺，繄我獨無！"潁考叔曰："敢問何謂也？"公語之故，且告之悔。對曰："君何患焉？若闕地及泉，隧而相見，其誰曰不然？"公從之。公入而賦："大隧之中，其樂也融融。"姜出而賦："大隧之外，其樂也洩洩。"遂爲母子如初。君子曰："潁考叔，純孝也，愛其母，施及莊公。《詩》曰：'孝子不匱，永錫爾類。'其是之謂乎！"

晋侯使太子申生伐山東皋落氏，里克諫之不聽，且曰："寡人有子，未知其誰立焉。”里克退。見太子，太子曰：“吾其廢乎？”里克對曰：“子懼不孝，無懼弗得立，修己而不責人，則免於難。”

臧文仲曰：“見有禮於其君者，事之如孝子之養父母也；見無禮於其君者，誅之如鷹鸇之逐鳥雀也。”

季氏以公鉏爲馬正，愠而不出。閔子馬曰：“子無然。禍福無門，惟人所召。爲人子者，患不孝，不患無所。敬共父命，何常之有？若能孝敬，富倍季氏可也。姦回不軌，禍倍下民可也。”公鉏然之，敬共朝夕，恪居官次。季氏喜，使飲己酒，而以具往，盡舍旃。故公鉏氏富，又出爲公左宰。以上《左傳》

有子曰：“其爲人也孝弟，而好犯上者，鮮矣；不好犯上，而作亂者，未之有也。君子務本，本立而道生。孝弟也者，其爲仁之本與！”

程頤曰：“孝弟，順德也。德有本，本立則其道充大。孝弟行於家，而後仁愛及於物，所謂親親而仁民也。故爲仁以孝弟爲本。論性，則以仁爲孝弟之本。”

朱熹曰：“仁是性，孝弟是用。譬如一粒粟，生出爲苗，仁是粟，孝弟是苗，便是仁爲孝弟之本。又如木有根、有幹、有枝葉，親親是根，仁民是幹，愛物是枝葉，便是行仁以孝弟爲本。”

曾子曰：“慎終追遠，民德歸厚矣。”

龜山楊氏曰：“孟子云：‘養生不足以當大事，惟送死可以當大事。’則大事人子所宜慎也。故三日而殯，凡附於身者，必誠必信，勿之有悔焉耳矣。夫一物不具，皆悔也，雖有悔焉，無及矣。此不可不慎也。春秋祭祀，以時思之，所以追遠也。齋之日，思其居處，思其笑語，思其志意，思其所樂，思其所嗜。齊三日，乃見其所爲齊者，則孝子所以盡其心者至矣。以是而帥之，民德其有不歸厚乎？”

子曰：“父在，觀其志；父没，觀其行；三年無改於父之道，可謂孝矣。”

延平李氏曰：“道者，是猶可以通行者也。三年之中，日月易過，若稍稍有不愜意處，即率意改之，則孝子之心何在？有孝子之心者，自有所不忍耳，非斯須不忘。極體孝道者，能如是耶？”

孟懿子問孝。子曰：“無違。”樊遲御，子告之曰：“孟孫問孝於我，我對曰‘無違’。”樊遲曰：“何謂也？”子曰：“生，事之以禮；死，葬之以禮，祭之以禮。”

朱子曰：“魯之三家殯設揆，則其葬也僭而不禮矣；以雍徹，則其祭也僭而不禮矣；其事生之僭雖不可攷，然亦可想而知矣。嗚呼！彼爲是者，其心豈不以爲是足以尊榮其親而爲莫大之孝？夫豈知一違於禮，則反置其親於僭叛不臣之域，而自陷於莫大之不孝哉！夫子因其問孝而知其有愛親之心，故以此告之，庶其有所感發，而能自改也。雖然，聖人亦豈務爲險語以中人之隱，而脅之以遷善哉？亦循理而言，而物情事變，自有所不得遁焉耳。嗚呼！此其所以爲聖人之言也與！”

孟武伯問孝。子曰：“父母唯其疾之憂。”

尹氏曰：“疾病，人所不免，其遺父母憂者，有不得已也。若非義而遺父母之憂，則不孝之大者矣。”

子夏問孝。子曰：“色難。有事弟子服其勞，有酒食先生饌，曾是以爲孝乎？”

勉齋黄氏曰：“事親之道，非貴於聲音笑貌也，而以色爲難者，色非可以强爲也。非其真有深愛存乎其心，惟恐一毫拂其親之意者，安能使愉婉之狀貌見於顔面也哉！其告子夏者，所以發其篤於愛親之念也。或曰：‘敬與愛，兩事常相反也。敬則病於嚴威，愛則病於柔順。今其告游、夏者如此，得無舉一而廢一乎？’曰：‘敬與愛，皆事親之不能無也。父母，至親也，而愛心生焉；父母，至尊也，而敬心生焉。皆天理之自然，而非人之所强爲也。然發之各有節，而行之各有宜，或過或不及，則二者常相病也。故聖人因其所偏者而警之，所以勉其不足，而損其有餘也。’”

朱子曰：“既知二失，則中間須自有箇處之之理。愛而不敬，非真愛也；敬而不愛，非真敬也。觀此，則敬、愛原不做兩箇看。愛曰深愛，便含至誠惻怛之意，前説已言之矣。若和氣，便是無乖戾偏私，纔能中節，一有放肆，便不和矣。愉色雖訓‘悦’，觀‘私覿，愉愉如也’，注：‘則又和矣。’原根上執圭之敬，而又加和，正是敬之舒處。婉容則婉曲巽順，惟恐有觸突親底意，非敬而何？如此體會，愛敬自不是兩箇道理。”

或問孔子曰：“子奚不爲政？”子曰：“《書》云：‘孝乎惟孝，友於兄弟，施於有政。’是亦爲政，奚其爲爲政？”

倪氏曰：“《書》言孝友，而起語獨言孝者，友乃孝之推，孝可包友也。”

子曰：“事父母幾諫。見志不從，又敬不違，勞而不怨。”

胡氏曰：“子之事親，主於愛。雖父母有過，不容不諫，然必由愛心以發乃可。故下氣怡色柔聲，皆深愛之形見者也。所以謂幾微而諫，不敢顯然直遂其己意也。”

子曰：“父母在，不遠遊。遊必有方。”

楊氏曰：“一跬步不敢忘親，况敢爲無方之遊乎！”

謝氏曰：“恐親念我不忘也。若人子不以親之心爲心，非孝子矣！”

子曰：“父母之年，不可不知也。一則以喜，一則以懼。”

蔡虚齋曰：“聖人意重在‘懼’上。蓋喜者喜其已有此年，懼者懼其將來之日不多也，是所喜不足以敵其所懼。聖人欲人子之知懼者，欲其及時奉養而不懈耳。古人一日養，不以三公换。嗚呼！父母壽日增，則衰亦日甚，故曰‘孝子愛日’。”

曾子有疾，召門弟子曰：“啓予足！啓予手！《詩》云：‘戰戰兢兢，如臨深淵，如履薄冰。’而今而後，吾知免夫！小子！”

慶源輔氏曰：“‘父母全而生之，子全而歸之’，此《祭義》所載曾子述孔子之言也。今若此，可謂非苟知之，亦允蹈之矣。曾子平日見道明，信道篤，故能始終不息如此。”

子曰：“孝哉閔子騫！人不間於其父母昆弟之言。”以上《論語》

吕氏曰："至行誠篤，取信於父母昆弟，人不得而間焉。非成身之至，不足以及是，故曰'孝子成身'。"

爲人子止於孝，爲人父止於慈。

黄洵僥曰："爲人子止於孝，不先父而先子，何也？父雖不慈，子不可以不孝，故先言子也。"

子曰："父母其順矣乎！"

吕氏曰："不得乎親，不可以爲人；不順乎親，不可以爲子。故君子之道，莫大乎孝；孝之本，莫大乎順父母。故仁人孝子，欲順乎親，必先乎妻子不失其好，兄弟不失其和。室家宜之，妻帑樂之，致家道成，然後可以養父母之志而無違也。'行遠''登高'者，謂孝莫大乎順其親者也；'自邇''自卑'者，謂本乎妻子兄弟者也。故身不行道，不行於妻子。文王'刑於寡妻，至於兄弟'，則治家之道，必自妻子始。"

子曰："舜其大孝也與！德爲聖人，尊爲天子，富有四海之内。宗廟饗之，子孫保之。"

西山真氏曰："舜以聖德居尊位，其福禄上及宗廟，下延子孫，所以爲大孝。舜所知，孝而已。禄位名壽，天實命之，非舜有心得之也。"

故大德者必受命。

雲峰胡氏曰："前言父母之順，在於宜兄弟、樂妻帑，不過目前之事，費之小者也；此言孝之大，在於宗廟饗、子孫保，則極其流澤之遠，費之大者也。前言費之小，則曰'居易以俟命'，學者事也；此言費之大，則曰'大德必受命'，聖人事也。"

子曰："武王、周公其達孝矣乎！"

西山真氏曰："人君以光祖宗、遺後嗣爲孝。舜之孝，如天之不可名，故曰大；武王、周公之孝，天下稱之無異辭，故曰達。"

夫孝者，善繼人之志，善述人之事者也。

新安陳氏曰："祖父有欲爲之志而未爲，子孫善繼其志而成就之；

祖父有已爲之事而可法，子孫善因其事而遵述之。”

敬其所尊，愛其所親，事死如事生，事亡如事存，孝之至也。

楊氏曰：“敬親者，不敢慢於人，况其所尊乎？愛親者，不敢惡於人，况其所親乎？事死如事生，若餘閣之奠是也；事亡如事存，若齊必見其所祭者是也。《記》曰：‘入門弗見也，上堂又弗見也，入室又弗見也，亡矣！喪矣！’蓋死而後亡也。始死則事之如生，既亡則事之如存，著存不忘乎心，孝之至也。”

郊社之禮，所以事上帝也；宗廟之禮，所以祀乎其先也。明乎郊社之禮，禘嘗之義，治國其如示諸掌乎。

游氏曰：“惟聖人爲能饗帝，爲其盡人道，而與帝同德；孝子爲能饗親，爲其盡子道，而與親同心也。仁孝之至，通於神明，而神祇、祖考安樂之，其於慶賞刑威乎何有？”

仁者人也，親親爲大。以上《學》《庸》

夫仁，人也。人無所不愛，五達道皆當以仁矣，親親何獨爲大？蓋親者，身之所自出，罔極之恩也。良心之發於此，最爲真切，五倫皆自此而推之也。

未有仁而遺其親者也，未有義而後其君者也。

雲峰胡氏曰：“人性有五，仁義爲先；人倫有五，君親爲先。所以孟子揭此於七篇之首。”

孟子曰：“事孰爲大？事親爲大；守孰爲大？守身爲大。不失其身而能事其親者，吾聞之矣；失其身而能事其親者，吾未聞之也。”

吴因之曰：“謂之能事其親，還有許多順親於道底事，不是一守身便了却事親。但事親緊關處，全在守身一着，故歸重‘不失其身’上。”

孰不爲事？事親，事之本也；孰不爲守？守身，守之本也。

新安陳氏曰：“‘事之本’‘守之本’照應章首四句，分二者平説。惟其爲本，所以見其爲大。”

曾子養曾皙，必有酒肉。將徹，必請所與。問有餘，必曰“有”。

曾晳死，曾元養曾子，必有酒肉。將徹，不請所與。問有餘，曰“亡矣”。將以復進也。此所謂養口體者也。若曾子，則可謂養志也。事親若曾子者，可也。

慶源輔氏曰：“養父母之口體者，其事淺；承順父母之心志者，其思深。夫子之於父，異體同氣，至親至密，故事之者當先意承志，必能聽於無聲，視於無形，然後爲至。若必待其言而後從，固已不可，况於先立其意，以拂其親之欲，唯口體是養，而不恤其心志之虧乎！”

蔡虚齋曰：“人子養志，其目最多，其體最大，酒食一端，特舉以見例耳。如曾子之‘戰戰兢兢’‘仁以爲己任’‘死而後已’，皆養志之事也。故曰‘將爲善，思貽父母令名，必果’‘視於無形，聽於無聲’‘一跬步而不敢忘孝也’。”

孟子曰：“仁之實，事親是也；義之實，從兄是也。”

新安陳氏曰：“洙泗言‘仁’，孟氏每言‘仁義’。言‘仁’，渾淪言之，言其理一者也。故總言孝弟，以明親親，見親親爲仁民愛物之本也。言仁義，分别言之，言理一中之分殊者也。故以事親爲仁之實，從兄爲義之實也。《集注》謂有子之意亦猶此者，蓋以本立於孝弟，而仁道自此而生，與仁義之實盡於事親從兄，而仁義之道其華采亦皆自此而生，此意有相似者耳。”

智之實，知斯二者弗去是也；禮之實，節文斯二者是也；樂之實，樂斯二者，樂則生矣，生則惡可已，惡可已則不知足之蹈之、手之舞之。

慶源輔氏曰：“知既明，則自然弗去，如人知水火之不可陷，則自然不陷也。人既知親之當愛，兄之當敬，孰肯舍其親而不愛，舍其兄而不敬者？其有不愛不敬者，蓋其智爲物昏，而知之不明，非智矣。事親自有事規之節文，從兄亦然。粗言之，如温、凊、定、省、徐行、後長之類，各有品節文理，便是禮之實。不知手舞足蹈，此聖人之作樂，所以必有舞也。樂之之意，至於充盛之極，則不假言説，心意自然形見，血脉自然流溢，手舞足蹈，皆自然而然，不待心使之然，故不自知也。”

孟子曰：“天下大悦而將歸己。視天下悦而歸己，猶草芥也，惟舜爲然。不得乎親，不可以爲人；不順乎親，不可以爲子。”

雙峰饒氏曰：“順親者，父母所爲合乎道，子所爲亦合乎道，彼此無違逆之謂，非順從之順也。問：‘如何可以諭之於道？’曰：‘所謂先意承志，諭父母於道，父母之意未發，我便做道理承順其心志，而諭之於道。爲人子不特得父母之心，又能諭父母於道，方謂之孝。’”

舜盡事親之道而瞽瞍底豫，瞽瞍底豫而天下化，瞽瞍底豫而天下之爲父子者定，此之謂大孝。

西山真氏曰：“舜所值者，至難事之親也。然積誠感動，不以父母爲不是，而自引以爲己之慝，惟見自己之不是而已。世縱有難事之親，豈得有如瞽瞍者？故瞽瞍底豫而天下之爲人子者皆知無不可孝之親，惟思爲子者未盡事親之道耳，孰有不勉於爲孝者哉！是故罪己而不非其親者，仁人孝子之心也；怨親而不反諸己者，亂臣賊子之志也。後之或遇難事之親者，其必以舜爲法。”

人悦之、好色、富貴，無足以解憂者，惟順於父母，可以解憂。

慶源輔氏曰：“舉天下之所欲不足以解憂者，‘所性不存焉’故也。惟順於父母可以解憂者，性之不可離，而亦不可以不盡也。”

大孝終身慕父母。五十而慕者，予於大舜見之矣。以上《孟子》

西山真氏曰：“五十始衰，聖人純孝之心則不以老而衰。惟充極其天性之至孝，而無一毫之不盡，所以能如此。”

陳氏曰：“常人變於私情，所以汩其性；聖人無私情之累，所以盡其性。孟子言此，是亦遏人欲、擴天理。”

伯禽與康叔朝於成王，見乎周公，三見而三笞之。康叔有駭色，謂伯禽曰：“有商子者，賢人也，與子見之。”乃見商子而問焉。商子曰：“南山之陽有木焉，名喬；北山之陰有木焉，名梓，盍往觀焉。”於是二子如其言往觀之，見喬寔高高然而仰，梓寔晉晉焉而俯，反以告商子。商子曰：“喬者，父道也；梓者，子道也。”二子明日見周公，入門而趨，登堂而跪。周公拂其首，勞而食之，曰：“汝安見君子乎？”二子以寔對，公曰：“君子哉商子也！”《尚書大傳》

曾子曰：“往而不可返者親也，故子欲養而親不逮。是故椎牛而祭，不如雞豚之逮親存也。初，吾爲吏，禄不及釜，尚欣欣而喜者，非以爲多也，樂其逮親也。既没之後，吾嘗南遊於楚，得尊官焉，堂高九尺，車嘗百乘，然猶北嚮而泣涕者，非爲賤也，悲不逮吾親也。”

子路曰：“有人焉，夙興夜寐，以事其親，而無孝子之名者，何也？”孔子曰：“意者身未敬耶？色不順耶？辭不遜耶？無此三者，何爲無孝子之名？意者所友非仁人耶？坐，吾語汝。雖有國士之力，不能自舉其身。非無力也，勢不便也。是以君子入則篤孝，出則友賢。”以上《韓詩外傳》

孔子曰：“君子有三恕：有君不能事，有臣而求其使，非恕也；有亲不能孝，有子而求其报，非恕也；有兄不能敬，有弟而求其顺，非恕也。士能明於三恕之本，则可谓端身。”

子路見孔子，曰：“負重涉遠，不擇地而休；家貧親老，不擇禄而仕。”

孔子曰：“春秋祭祀，以别親疏，教民反古復始，不敢忘其所由生也。昔者文王之祭也，事死如事生，思死而不欲生，忌日則必哀，稱諱則如見親，祀之忠也。《詩》云：‘明發不寐，有懷二人。’敬而致之，又從而思之，孝子之情也。文王惟能得之矣。”

孔子曰：“不孝者生於不仁，喪祭之禮所以教仁愛也。喪祭之禮明，則民孝矣。故雖有不孝之獄，而無陷刑之民。”

孔子適齊，遇異人焉，哭音甚哀。孔子下車而問之，對曰：“吾，丘吾子也。向有三失，晚而自覺，悔之何及！”孔子曰：“三失可得聞乎？”丘吾子曰：“吾少時好遊，歷徧天下，後還喪吾親，是一失也；長事齊君，君驕奢失士，臣節不遂，是二失也；吾平生厚交，而今皆離絶，是三失也。夫樹欲静而風不停，子欲養而親不逮。往而不來者，年也；不可再見者，親也。請從此辭。”遂投水而死。子曰：“小子識之，斯足爲戒矣。”自是弟子辭歸養親者十有三。以上《家語》

爲人子者，無以有己；爲人臣者，無以有己。《老子》

周有申喜者，亡其母，聞乞人歌於門下而悲之，動於顔色。與之語，蓋其母也。故父母之於子也，子之於父母也，一體而兩分，同氣而異息。若草莽之有華實也，若樹木之有根心也，雖異處而相通，隱志相及，痛疾相救，憂思相感，生則相歡，死則相哀，此之謂骨肉之親。神出於忠，而應乎心，兩精相得，豈待言哉？《管子》

仲尼曰：“天下有大戒二：其一，命也；其一，義也。子之愛親，命也，不可解於心；臣之事君，義也，無適而非君也，無所逃於天地之間。是之謂大戒。是以夫事其親者，不擇地而安之，孝之至也；夫事其君者，不擇地而安之，忠之至也；自事其心者，哀樂不易施乎前，知其不可奈何而安之若命，德之至也。”《莊子》

孔子至於勝母，暮矣而不宿；過於盗泉，渴矣而不飲，惡其名也。《尸子》

堯問於舜曰：“人情何如？”舜對曰：“妻子具而孝衰於親，嗜欲得而信衰於友，爵禄盈而忠衰於君。人之情乎！人之情乎！甚不美，又何問焉？”惟賢者爲不然。《荀子》

孝感天地，應乎神明。天子孝，龜龍負圖；庶民孝，草木榮茂。昔曾子孝父母，身體髮膚，不敢毁傷，至於終身。跬步之間，不忘孝道。是以一切禽獸草木，取之以時，不違天道，竭力盡忠，此爲孝子之志也。《素履子》

凡爲天下，治國家，必務本而後末。務本莫貴於孝。人主孝則名章榮，下服聽，天下譽。人臣孝則事君忠，處官廉，臨難死。士民孝則耕耘疾，守戰固，不罷北。夫孝，三皇五帝之本務，而萬事之紀也。夫執一術而百善至、百邪去、天下從者，其惟孝也。《吕覽》

孝者，善事父母之名也。夫善事父母，敬順爲本，意以承之，順承顔色，無所不至。發一言，舉一意，不敢忘父母；營一手，措一足，不敢忘父母。事君不敢不忠，朋友不敢不信，臨下不敢不敬，嚮善不敢不勤，雖居獨室之中，亦不敢懈其誠，此之謂全孝。故至誠之道，通乎神明，光於四海，有感必應，善事父母之所致也。《亢倉子》

老者非帛不煖，非肉不飽。今歲首，不時使人存問長老，又無衣帛酒肉之賜，將何以佐天下子孫孝養其親？今聞吏稟當受鬻者，或以陳粟，豈稱養老之意哉！具爲令。漢文帝《養老詔》

古之立教，鄉里以齒，朝廷以爵，扶世導民，莫善於德。然則於鄉里先耆艾，奉高年，古之道也。今天下孝子順孫願自竭盡以承其親，外迫公事，内乏資財，是以孝心闕焉。朕甚哀之。民年九十以上，有受鬻法，爲復子若孫，令得身帥妻妾遂其供養之事。漢武帝《養老詔》

導民以孝，則天下順。今百姓或遭衰絰凶災，而吏繇事，使不得葬，傷孝子之心，朕甚憐之。自今諸有大父母、父母喪者勿繇事，使得收斂送終，盡其子道。漢宣帝《遭喪勿繇詔》

臣聞之《孝經》，始於愛親，終於哀戚。上自天子，至於庶人，其義一也。夫父母於子，同氣異息，一體而分，三年乃免於懷抱。先聖緣人情而著其節制，服二十五月。是以《春秋》臣有大喪，君三年不呼其門，閔子雖要絰服從事，以赴公難，退而致位，以究私恩。周室陵遲，禮制不序，《蓼莪》之人作詩自傷曰："瓶之罄矣，惟罍之耻。"言己不得終竟子道者，亦上之耻也。高祖受命，蕭何創制，大臣有寧告之科，合於致憂之義。建武之初，新承大亂，凡諸國政，多趨簡易，大臣既不得告寧，而郡司營禄念私，鮮循三年之喪，以報顧復之恩者。禮義之方，實爲凋損。大漢之興，雖承衰敝，而先王之制，稍以施行。故籍田之耕，起於孝文；孝廉之貢，發於孝武；郊祀之禮，定於元、成；三雍之序，備於顯宗；大臣終喪，成於陛下。聖功美業，靡以尚兹。孟子有言："老吾老以及人之老，幼吾幼以及人之幼，天下可運於掌。"臣願陛下登高北望，以甘陵之思，揆度臣子

之心，則海内咸得其所。陳忠《論喪服疏》

漢章帝欲封爵諸舅，馬太后不許，曰："夫至孝之行，安親爲上。今數遭變異，穀價數倍，憂惶晝夜，不安坐卧，而欲先營外家之封，違慈母之拳拳乎？若陰陽調和，邊境清静，然後行子之志，吾但當含飴弄孫，不能復關政矣。"《漢紀》

臣聞之師曰："漢爲火德，火生於木，木盛於火，故其德爲孝，其象在《周易》之《離》。"夫在地爲火，在天爲日。在天者用其精，在地者用其形。夏則火旺，其精在天，温煖之氣，養生百木，是其孝也。冬時則廢，其形在地，酷烈之氣，焚燒山林，是其不孝也。故漢制使天下誦《孝經》，選吏舉孝廉。夫親喪自盡，孝之終也。今之公卿及二千石，三年之喪，不得即去，殆非所以增崇孝道而克稱火德者也。往者孝文[2]勞謙，行過乎儉，故有遺詔以日易月。此當時之宜，不可以之貫萬世。古人之制雖有損益，而諒闇之禮未嘗改移，以示天下莫遺其親。今公卿群僚皆政教所瞻，而父母之喪不得奔赴。《傳》曰："喪祭之禮闕，則人臣之恩薄焉，背死忘生者衆矣。"曾子曰："人未有自致者也，必也親喪乎！"昔翟方進自以備宰相，而不敢踰制。至遭母憂，三十六日而除。夫失禮之源，自上而始。古者大喪三年不呼其門，所以崇國厚俗篤化之道也。天下通喪，可如舊禮。荀爽《對策》

荀悦曰："王者必父事三老，以示天下，所以明有孝也。無父猶設三老之禮，況其存者乎！孝莫大於嚴父，故后稷配天，尊之至也。禹不先鯀，湯不先契，文王不先不窋。古之道，子尊不加於父母。"《漢紀》

章帝詔議貢舉法，大鴻臚韋彪議曰："夫國以簡賢爲務，賢以孝行爲首，是以求忠臣必出於孝子之門。忠孝之人，持心近厚；鍛鍊之吏，持心近薄。士宜以才行爲先，不可純以閥閲。其要歸，在於選二千石。二千石賢，則貢舉皆得其人矣。"帝納之。

人之行莫大於孝。孝行成於内，而嘉號布於外，是謂建之於本，

而榮華自茂矣。君以臣爲本，臣以君爲本，父以子爲本，子以父爲本，棄其本者，榮華槁矣。劉向

善養者不必芻豢也，善供服者不必錦繡也。以己之所有盡事其親，孝之至也。故匹夫勤勞，猶足以順禮，啜菽飲水，足以致其敬。故上孝養志，其次養色，其次養體。《易》曰："東鄰殺牛，不如西鄰之禴祀也。"故富貴而無禮，不如貧賤一孝悌。閨門之内盡孝焉，閨門之外盡悌焉，朋友之道盡信焉，三者，孝之至也。居家理者，非謂積財也；事親孝者，非謂鮮殺也，亦和顔色、承意旨、盡禮儀而已矣。桓寬

孝莫大於寧親，寧親莫大於寧神，寧神莫大於四表之歡心。

孝，至矣！一言而該，聖人不加焉。父母，子之天地歟？無天何生？無地何形？

事父母自知不足者，其舜乎？不可得而久者，事親之謂也。故孝子愛日。以上楊子

馬融曰："孝者必貴於忠。忠苟不行，所率猶非其道。是以忠不及之，而失其守，匪爲危身，辱及親也。故君子行其孝，必先以忠，竭其忠，則福禄至矣。故得盡愛敬之心，以養其親，施及於人，此之謂保孝行也。"《忠經》

爲子之道，莫大於寶身全行，以顯父母。此三者人知[3]其善，而或危身破家，陷於滅亡之禍者，何也？由所習非其道也。夫孝敬仁義，百行之首，立身之本也。孝敬則宗族安之，仁義則鄉黨重之，此行成於内，名著於外矣。王昶

晉武帝居喪，一遵古禮。既葬，有司請除衰服。詔曰："受終身之愛，而無數年之報，情所不忍也。"有司固請。詔曰："患在不能篤孝，勿以毁傷爲憂。前代禮典，質文不同，何必限以近制，使達喪闕然乎！"群臣請不已，乃許之。然猶素服以終三年。《晉書》

孔子曰："大孝莫大於嚴父，嚴父莫大於配天，則周公其人也。"子路曰："傷哉貧也！生無以養，死無以葬。"子曰："啜菽

飲水，孝也。”夫鐘鼓非樂云之本，而器不可去；三牲非致孝之主，而養不可廢。存器而忘本，樂之遁也；調器以和聲，樂之成也。崇養以傷行，孝之累也；修己以致禄，養之大也。故言能大養，則周公之祀，致四海之祭；言以義養，則仲由之菽，甘於東鄰之牲。夫患水菽之薄，干禄以求養者，是以耻禄親也。存誠以盡行，孝積而禄厚者，此能以義養也。范曄

臣嬰生不幸，弱冠而孤，母子零丁，兄弟相長。謹身爲養，仕不擇官，宦成梁朝，命存亂世，冒危履險，自死輕生，妻息誅夷，昆季冥滅，餘臣母子，得逢興運。臣母妾劉，今年八十有一，臣叔母妾丘，七十有五，臣門弟姪故自無人，妾丘兒孫又久亡泯，兩家侍養，惟臣一人。前帝知臣之孤煢，養臣以州里，不欲使頓居草萊，又復矜臣温凊，所以一年之内，再三休沐。臣之屢披丹款，頻冒宸鑒，非敢苟違朝廷，遠離畿輦。一者以年將六十，湯火居心，每跪讀家書，前懼後喜，温枕扇席，無復成童。二者職居彝憲，邦之司直，若自虧身體，何問國章？前德綢繆，始許哀放，内侍近臣，多悉此旨。正以選賢與能，廣求明哲，趦趄荏苒，未始取才。而上玄降戾，奄至今日，德音在耳，墳土遽乾，悠悠昊天，哀此罔極。兼臣私心煎切，彌迫近時，慺慺之祈，轉忘塵觸。伏惟陛下睿哲聰明，嗣興下武，刑於四海，弘此孝治。寸管求天，仰歸惟扆，有感必應，實望聖明。特乞霈然申其私禮，則王者之德，覃及無方，矧彼翔沈，孰非涵養。沈炯《請歸養表》

近啓歸訴，庶諒窮款，奉被還旨，未垂哀察，悼心失圖，泣血待旦。昉於品庶，示均鎔造，干禄祈榮，更爲自拔。虧教廢禮，豈關視聽，所不忍言，具陳兹啓。昉往從末宦，禄不代耕。饑寒無甘旨之資，限役廢晨昏之半。膝下之歡，已同過隙；几筵之慕，幾何可憑。且奠酹不親，如在安寄。晨暮寂寥，闃若無主。所守既無别理，窮咽豈及多喻。明公功格區宇，感通有塗，若霈然降臨，賜寢嚴命。是知孝治所被，爰至無心；錫類所及，匪徒教義。不任崩迫之情，謹以啓

事陳聞。任昉《上蕭太傅啓》

北魏文成帝時，高允好切諫。事有不便，允輒求見，屏人極論。魏主謂群臣曰："君父一也，父有過，子何不作書於衆中諫之，而於私室屏處諫者？豈非不欲其父之惡彰於外耶。至於事君，何獨不然。如高允者，乃真忠臣也。朕有過，未嘗不面言。朕聞其過，而天下不知，可不謂忠乎！"

魏以房景伯爲清河太守，其母崔氏，通經，有明識。貝丘婦人列其子不孝，景伯白其母。母曰："民未知禮義，何足深責！"乃召其母，與之對榻共食，使其子侍立堂下，觀景伯供食。未旬日，悔過求還。崔氏曰："此雖面慙，其心未也，且置之。"凡二十餘日，其子叩頭流血，母涕泣請還，然後聽之，卒以孝聞。以上《南、北史》

隋上柱國鄭譯與母别居，爲憲司所核，除名。文帝下詔曰："譯若留之於世，在人爲不道之臣；戮之於朝，入地爲不孝之鬼。宜賜以《孝經》，令其熟讀。"仍遣與母共居。《隋書》

蘇威嘗言於隋主曰："臣先人每戒臣云，唯讀《孝經》一卷，足以立身治國，何用多爲！"《隋書》

人子之身，非人子有也，父母之體之分也。雖口異形，實一身也。《龍門子》

朕聞上古之風樸略，雖因心之孝已萌，而資敬之禮猶簡。及乎仁義既有，親譽益著。聖人知孝之可以教人也，故因嚴以教敬，因親以教愛，於是以順移忠之道昭矣，立身揚名之義彰矣。子曰："吾志在《春秋》，行在《孝經》。"是知孝者德之本歟。經曰："昔者明王之以孝理天下也，不敢遺小國之臣，而况於公、侯、伯、子、男乎？"朕嘗三復斯言，景行先哲，雖無德教加於百姓，庶幾廣愛刑於四海。嗟乎！夫子没而微言絶，異端起而大義乖。况泯絶於秦，得之者皆煨燼之末；濫觴於漢，傳之者皆糟粕之餘。故魯史《春秋》，學開五傳；《國風》《雅》《頌》，分爲四詩。去聖愈遠，源流益别。近觀《孝經》舊注，踳駁尤甚。至於迹相祖述，殆且百家；業擅專門，猶將十室。

希升堂者，必自開户牖；攀逸駕者，必騁殊軌轍。是以道隱小成，言隱浮僞。且傳以通經爲義，義以必當爲主，至當歸一，精義無二，安得不剪其繁蕪，而撮其樞要也。韋昭、王肅，先儒之領袖；虞翻、劉邵，抑又次焉。劉炫明安國之本，陸澄譏康成之注。在理或當，何必求人？故特舉六家之異同，會五經之旨趣。約文敷暢，義則昭然；分注錯經，理亦條貫。寫之琬琰，庶有補於將來。且夫子談經，志取垂訓，雖五孝之用則别，而百行之源不殊。是以一章之中，凡有數句，一句之内，意有兼明，具載則文繁，略之又義闕。今存於疏，用廣發揮。唐明皇《孝經序》

唐太宗嘗謂長孫無忌等曰："今日吾生日，世俗皆爲樂，在朕翻成傷感。今君臨天下，富有四海，而承歡膝下，永不可得，此子路所以有負米之恨也。《詩》云：'哀哀父母，生我劬勞。'奈何劬勞之日更爲宴樂乎！"因泣數行下，左右皆悲。

太宗將幸九成宫避暑，監察御史馬周上疏曰："大安宫在城西，制度卑小，而車駕獨爲避暑之行。是太上皇留暑中，而陛下居凉處也。且太上皇春秋已高，宜朝夕視膳。今去三百餘里，或時思念陛下，陛下何以赴之？願速示返期，以解衆姓之惑。"上深納之。

臣伏奉今月二十二日勅，受臣使持節都督容州諸軍事守容州刺史中丞充本管經略守提使。臣聞孝於家者忠於國，以事君者無所隱，臣有至切，不敢不言。臣實一身，奉養老母，醫藥飲食，非臣不喜，臣暫遠離，則憂悸成疾。臣又多疾，近日加劇。前在道州，黽勉六歲，實無政理，多是假名，頻請停官，使司不許。今臣所屬之州，陷賊歲久，頹城古木，遠在炎荒。管内諸州，多未〔4〕賓伏，行營野次，向十餘年。在臣一身，爲國展效，死當不避，敢憚艱危。但以老母念臣，疾疹日久。時方大暑，南逾火山，舉家漂泊，寄在湖上，單車將命，赴〔5〕於賊庭。臣將就路，老母悲泣，聞者悽悽，臣心可知。臣欲扶持版輿，南之合浦，則老母氣力，難於遠行。臣欲奮不顧家，則母子之情，禽畜猶有。臣欲久辭老母，則又污辱名教。臣欲便不之官，又恐稽違詔命。在臣肝腸，如煎如燭。昔徐庶心亂，先主不逼；令伯陳情，晉武允許。君臣國家，萬代爲規。伏惟陛下以孝理萬姓，慈育生類，在臣情志，實堪矜愍。臣每讀前史，見吴起遊宦，噬臂不歸，温嶠奉使，絶裾而去，嘗恨不逢斯人，使之殊死。臣所以冒犯聖旨，乞停今授，待罪私門，長得奉養，供給井税，臣之懇願，塵黷天威，不勝惶恐。謹遣某官奉表陳讓以聞。元結《辭容州表》

蘇頲遭父喪，睿宗起復爲侍郎，頲固辭。上使李日知諭旨，日知終坐不言而還，奏曰："臣見其哀，不忍言，恐其殞絶。"上乃聽其終制。

唐憲宗即位，王叔文之黨皆爲遠州刺史，柳宗元得柳州，劉禹錫得播州。宗元曰："播州非人所居，而夢得親在堂，萬無母子俱往理。"欲請於朝，以柳易播。裴度亦以母老爲言。上曰："爲人子者不自謹，貽親憂，此則重可責也。"度曰："陛下方侍太后，恐禹錫在所宜矜。"上謂左右曰："裴度愛我忠切。"禹錫得改連州。

張士衡講教鄉里，太宗擢爲崇賢館學士。太子承乾嘗問事佛，對曰："事佛在清净仁恕，如君仁、臣忠、子孝，則福祚，反是而殃禍至。"

陽城爲國子司業，引諸生告之曰："凡學者，所以學爲忠與孝也。諸生有久不省親者乎？"明日，謁城還養者二十輩。有三年不歸侍者，斥之。以上《唐書》

天子孝曰就，就之爲言成也。天子德被天下，澤及萬物，始終成就，則其親獲安，故曰就也。諸侯孝曰度，度者法也。諸侯居國，能奉天子法度，得不危溢，則其親獲安，故曰度也。卿大夫孝曰譽，譽之爲言名也。卿大夫言行布滿，能無惡稱，譽達遐邇，則其親獲安，故曰譽也。士孝曰究，究者以明審爲義。士始升朝，辭親入仕，能審資父事君之道，則其親獲安，故曰究也。庶人孝曰畜，畜者含畜爲義。庶人含情受朴，躬耕力作，以畜其德，則其親獲安，故曰畜也。《舊唐書》

訪聞喪葬之家，有舉樂及令章者。蓋聞鄰里之内，喪不相舂，苴麻之旁，食未嘗飽，此聖王教化之道，治世不刊之言。何乃匪人，親罹釁酷，或則舉奠之際歌吹爲娱，靈柩之前令章爲戲，甚傷風教，實紊人倫。今後有犯此者，并以不孝論，預坐人等第科斷。所在官吏，常加覺察，如不用心，并當連坐。宋太宗《禁喪葬舉樂詔》

英宗即位，疾甚，遇宦者尤少恩。左右讒間兩宫，内外洶懼。一日，韓琦、歐陽修奏事，太后嗚咽流涕，具道所以。琦曰："病已，必不然。子疾，母可不容之乎？"修進曰："昔温成之寵，太后處之裕如，今母子間反不能容耶？"后意稍和。琦進曰："臣等在外，聖躬若失調護，太后不得辭其責。"后驚曰："是何言？我心更切也。"後數日，琦獨見帝，帝曰："太后待我少恩。"琦對曰："自古聖帝明王，不爲少矣。獨稱舜爲大孝，豈其餘盡不孝哉？父母慈而子孝，此常事不足道；惟父母不慈，而子不失孝，乃爲可稱。但恐陛下事之未至耳，父母豈有不慈者哉。"帝大感悟。

張守告高宗曰："陛下處宫室之安，則思二帝、母后穹廬毳幕之居；享膳羞之奉，則思二帝、母后羶肉酪漿之味；服細煖之衣，則思二帝、母后窮邊絶塞之寒苦；操予奪之柄，則思二帝、母后語言動作受制於人；享嬪御之適，則思二帝、母后誰爲之使令；對臣下之朝，則思二帝、母后誰爲之尊禮。思之又思，兢兢業業，聖心不倦，而天不爲之順助者，萬無是理也。"以上《宋史》

凡子受父母之命，必籍記而佩之，時習而速行之。事畢，則返命焉。或有不可行，則和色柔聲，具是非利害而白之。苟於事無大害者，亦當曲從。司馬温公

張子《西銘》曰："乾稱父，坤稱母；予兹藐焉，乃混然中處。故天地之塞，吾其體；天地之帥，吾其性。民吾同胞，物吾與也。大君者，吾父母宗子；其大臣，宗子之家相也。尊高年，所以長其長；慈孤弱，所以幼其幼。聖其合德，賢其秀也。凡天下疲癃殘疾、惸獨鰥寡，皆吾兄弟之顛連而無告者也。於是保之，子之翼也；樂且不

憂，純乎孝者也。違曰悖德，害仁曰賊；濟惡者不才，其踐形，惟肖者也。知化則善述其事，窮神則善繼其志。不愧屋漏爲無忝，存心養性爲匪懈。惡旨酒，崇伯子之顧養；育英才，潁封人之錫類。不弛勞而底豫，舜其功也；無所逃而待烹，申生其恭也。體其受而歸全者，參乎！勇於從而順令者，伯奇也。富貴福澤，將厚吾之生也；貧賤憂戚，庸玉女於成也。存，吾順事；没，吾寧也。”

晦庵朱子曰：“天地之間，理一而已。而“乾道成男，坤道成女，二氣交感，化生萬物”，則其大小之分，親疏之等，至於十百千萬而不能齊也。不有聖賢者出，孰能合其異而反其同哉！《西銘》之作，意蓋如此。程子以爲‘明理一而分殊’，可謂一言以蔽之矣。蓋以乾爲父，以坤爲母，有生之類，無物不然，所謂理一也。而人物之生，血脉之屬，各親其親，各子其子，則其分亦安得而不殊哉！一統而萬殊，則雖天下一家，中國一人，而不流於兼愛之蔽；萬殊而一貫，則雖親疏異情，貴賤異等，而不梏於爲我之私。此《西銘》之大旨也。”又曰：“人之一身，固是父母所生。然父母之所以爲父母者，即是乾坤。若以父母而言，則一物各一父母；若以乾坤而言，則萬物同一父母矣。古之君子，惟是見道理真實如此，所以親親而仁民，仁民而愛物。推其所爲，以至於能以天下爲一家，中國爲一人，而非意之也。”

雙峰饒氏仲元曰：“《西銘》一書，規模弘大，而條理精密，有非片言之所能盡，然其大指，不過中分爲兩節。前一節明人爲天地之子，後一節言人事天地當如子之事父母。何謂人爲天地之子？蓋人受天地之氣以生，而有是性，猶子受父母之氣以生，而有是身。父母之氣，即天地之氣也。分而言之，人各一父母也；合而言之，舉天下同一父母也。人知父母之爲父母，而不知天地之爲大父母。故以人而視天地，常漠然與己如不相關。人於天地，既漠然如不相關，則其所存所發，宜乎無適而非己私，而欲其順天理、遏人欲，以全天地賦予之本然，亦難矣。此《西銘》之作，所以首因人之良知而推廣之，言天以至健而始萬物，則父之道也；地以至順而成萬物，則母之道也。吾以藐然之身，生於其間，稟天地之氣以爲形，而懷天地之理以爲性，豈非子之道乎？其下繼之以‘民吾同胞，物吾黨與’，而同胞之中，復推大君者爲宗子，大臣者爲宗子之家相，高年者爲兄，孤弱者爲弟。聖者爲兄弟之合德乎父母，賢者爲兄弟之秀出乎等夷，疲癃殘疾、惸獨鰥寡者爲兄弟之顛連而無告者，則皆所以著夫并生天地之間，而與我同類者。雖有貴賤、貧富、長幼、賢愚之不齊，而均之爲天地之子也。知并生天地之間，而與我同類者，均之爲天地之子，則天地爲吾之父母也，豈不昭昭矣乎？故曰：‘前一節明人爲天地之子。’何謂人事天地當如子之事父母？蓋子受父母之氣以生，則子之身，即父母之身；人受天地之氣以生，則人之性，亦即天地之性。子之身即父母之身，故事親者不可不知所以保愛其身；人之性即天地之性，則事天者亦豈可不知所以保養其性耶？此《西銘》之作，所以既明人爲天地之子，而復因事親之孝以明事天之道也。樂天者，不思不勉而順行乎此性，猶人子愛親之純，而能愛其身者也；畏天者，戰戰兢兢以保持乎此性，猶人子敬親之至，而能敬其身者也。若夫徇私以違乎理，縱欲以害其仁，無能改於氣稟之惡，而復增益之，則是反此性，而爲天地悖德，賊親不才之子矣。盡此性而能踐其形者，其惟天地克肖之子乎？窮神知化，樂天踐形者之事也。存心養性而不愧屋漏，畏天以求踐乎形者之事也。以此修身，則爲顧養；以此及人，則爲錫類。以此處常而盡其道，則爲底豫，爲歸全；以此處變而不失其道，則爲待烹，爲順令。愛惡逆順，處之若一；生順死安，兩無所憾。事親而至於是，則可以爲孝子；事天而至於是，豈不可以爲仁人乎？故曰‘後一節言人之事天地當如子之事父母’。此篇之指，大略如此。朱夫子所謂‘推親親之厚，以大無我之公；因事親之誠，以明事天之道’，亦此意也。嗚呼！繼志述事，孝子之所以事親也。存心養性，君子之所以事天也。事親事天，雖若兩事，然事親者，即所以爲事天之推。而善事天者，乃所以爲善事其親者也。”

臨川吴氏草廬曰：“天地者，吾之父母也；父母者，吾之天地也。天即父，父即天；地即母，母即地。人事天地，當如事父母；子事父母，當如事天地。保者，持守此理而不敢違，賢人也；樂者，從容順理而自然中，聖人也。蓋是理即天地之理，而天地即吾之父母也。持守而不敢違吾父母之理，非子之翼敬者乎？從容而自然順吾父母之理，非孝之極純者乎？不愛其親而愛他人者，謂之悖德。天理者，父母所以與我者也，而乃違之，是不愛其親也。賊仁者謂之賊。仁者，父母所以與我之心德也，而乃害之，是戕其親也。世濟其惡，增其惡名，則是父母之不才子矣。若能踐其所以得五行秀爲萬物靈者之形，則是與天地相似而克肖乎父母矣。知者，聖人踐形惟肖，有以默契乎是理，非但見聞之知也。化則天地化育之事，乾道變化，發育萬物，各正性命者。知得天地化育之事，則吾亦能爲天地之事，是善述吾父母所爲之事矣。窮者，聖人窮理盡性，有以究極乎是理，而知之無不盡也。神則天地神妙之心，純天之命，至誠無息，於穆不已者。窮得天地神妙之心，則吾亦能心天地之心，是善繼吾父母所存之志矣。此造聖之終事，踐形惟肖者之盛德，所謂'樂且不憂，純乎孝者也'，不愧屋漏者。己私克盡，心自然存，性得其養，雖於屋漏之奥，尚無愧怍之事。夫其無愧於天，則是無忝辱所生之父母也。存心養性者，用力克己，惕然惟恐有愧於天。操而不舍，其主於身之心；順而不害，其具於心之理。存心養性，所以事天。夫其不怠於存養此天理，則是不懈怠於事父母也。此作聖之始事，學踐形惟肖者之工夫，所謂'於時保之，子之翼也'。然知化者，必能窮神，窮神然後能知化。不愧屋漏者，必能存心養性，存心養性，然後能不愧屋漏。善述事者，必能繼志，善繼志者，然後能述事。無忝者必能匪懈，匪懈然後能無忝。存心養性，然後有以不愧屋漏。不愧屋漏，然後可以至於窮神。窮神然後有以知化，匪懈然後有以無忝，無忝然後可以至於善繼志。善繼志者，然後可以善述事也。"

滎陽吕氏原明曰："孝子事親，須事事躬親，不可委之使令也。嘗觀《穀梁》言'天子親耕以供粢盛，王后親蠶以供祭服，國非無良農工女也，以爲人之所盡事其祖禰，不若以己所自親者也'。此説最盡事親之道。又説'爲人子者，視於無形，聽於無聲，未嘗頃刻離親也’。事親如天，頃刻離親，則有時而違天，天不可得而違也。”

魯齋許氏平仲曰：“事親大節目是養體、養志、致愛、致敬。四事中致愛敬尤急，所以孝只是愛親、敬親兩事耳。天子之孝，推愛敬之心以及天下，亦惟此二事，爲能刑於四海，固結人心。舍此則法術矣，其效與聖人不相似。‘父母在，不遠遊’，爲人子者恃血氣，何所不往。但父母思念之心宜深體，當以父母之心爲心。”

朱子曰：“人之所以有此身者，受形於母，而資始於父。雖有强暴之人，見子則憐；至於襁褓之兒，見父則笑。果何爲而然哉？初無所爲而然，此父子之道所以爲天性而不可解也。然父子之間，或有不盡其道者，是豈爲父而天性有不足於慈？亦豈爲子而天性有不足於孝者哉？人心本明，天理素具，但爲物欲所昏，利害所蔽，故小則傷恩害義而不可開，大則滅天亂倫而不可以救也。”

勉齋黄氏直卿曰：“古人奉先追遠之誼至重，生而盡孝，則此身此心，無一念不在其親。及親之没也，升屋而號，設重以祭，則祖考之精神魂魄，亦不至於遽散。朝夕之奠，悲慕之情，自有相爲感通而不離。及其歲月既遠，若未易格，則祖考之氣雖散，而所以爲祖考之氣，未嘗不流行於天地之間。祖考之精神雖亡，而吾所受之精神，即祖考之精神。以吾受祖考之精神，而交於所以爲祖考之氣，神氣交感，則洋洋然在其上、在其左右者，蓋有必然而不能無者矣。學者但知世間可言可見之理，而稍幽冥難曉，則一切以爲不可信，是以其説卒不能合於聖賢之意也。”以上《性理》

父母不近人情者，惟舜爲然。若中人之性，其愛惡若無害理，必姑順之。若親所喜之故舊，當竭力招致，賓客之奉，當極力營辦，務以悦親之心，不可計家之有無。然又須使之不知其勉强勞苦。苟使見其爲之不易，則亦不安矣，豈悦親之道乎？張横渠

閭閻小人，得一食必先以食父母，夫何故？以父母之口重於己之口也。得一衣必先以衣父母，夫何故？以父母之體重於己之體也。至於犬馬亦然。待父母之犬馬，必異乎己之犬馬也。程伊川

孝爲百行之宗。行純則性通，行虧則性賊，二者常因焉，本同故也。孝以敬爲本，而敬者，修性之門也。自天子達於庶人，孝之事雖不同，同本於敬。事親而不敬，何以爲孝乎？成百善，戢千非，惟此心而已。敬心而發，孝於其親矣。推於兄弟，恭而友者，是其應也；推於夫婦，和而順者，是其應也；推於親黨、朋友，恭而睦，同而信者，是其應也；推於事君治人，忠而恕，廉而勤者，是其應也。是數者，不一應焉，非孝也。借曰孝焉，敬心必不純也。海之支流必醎，玉之棄屑必潤，中存是心，發無不應也。是知孝子之心，萬慮俱忘，惟一敬念而已。視如對日星，聽如警雷霆，食如盤誦銘，寐如几宣箴，坐如立記過之史，行如隨糾非之吏，不期肅而自肅焉。念之所通，無門無旁，塞乎天地，横乎四海，莫知其紀極也。昔人有發塚而夢通、齧指而心動者，在其知覺中，有如影響。至於鬼神之秘，禽鳥之微，草木之無知，皆可感格，非譎異也，自然也。敬心既純，大本發露，虚明洞達，躍如於兢兢肅肅之中。此至孝之士，所以行成於外，而性修乎内也。曾子之孝，立身揚名，惟此一節，而於聞道最爲超警。死生之際，粲然明白。蓋由始則因孝心而致敬，終則因敬心而成己，驗其平日服膺，念兹在兹而已。啓手足，則見於戰戰兢兢之時；發善言，則存乎容貌辭氣之際：皆敬之謂也。戴經所記，奥義甚多，首文三語，已盡其要。學者非弗知也，然皆有愧於曾子者，行之弗至也。恭於昭昭者，孝之名也；謹於昏昏者，孝之實也。求其名，匹夫匹婦能焉；核其實，聖人以爲難矣。曾子曰："養可能也，敬爲難；敬可能也，安爲難；安可能也，卒爲難。"斯須之敬，人能勉强，至於能安、能卒，非確然自信，毅然必爲，未有能樂其常而致其至也。此無他，疑情未除也。學者之害，疑情爲大。彼窮搜博覽，惟恐不聞者，疑情未除也。朝諮夕叩，請益不休者，疑情未除也。博量揣摸，求合乎似者，疑情未除也。情既有疑，則中不安，不安則輕聽而易移。輕聽則不能尊其所聞，易移則不能行其所知。二者交亂其間，方且以禮法爲拘囚，專精則滯著，求其有始有卒，難矣！曾子遊

聖門最爲年少，夫子一與之言道，唯諾而已，夫豈有毫髮疑情哉！宜其成就巍巍，度越諸子矣。劉子翬《曾子論》

父母之於子，全而生之者也。所謂全者，豈謂四肢百體之備而已？有是形，則有是性。舉天下之善，無不具焉。自居處必莊，以至於戰陳必勇，皆善之目也。一善不存則爲虧其性，虧其性即爲辱其親矣，尚焉得爲孝乎？然曾子於此，必總之以“敬”之一辭者，善具於性而主之者心，是心常存，然後能不失其性。故敬則五者皆遂，不敬則五者皆失。此曾子所以戰戰兢兢，至於啓手足而後知免與？

古之事親者，不一日違其親之側，故凡問衣燠寒、抑搔疴癢、眠膳奉席之事，皆躬爲之。惟其從政也，迫於王事，則有行役之久而不得以養者，故《陟岵》《鴇羽》諸詩，幽憂憤嘆，甚者呼天以自愬焉。後世之士無王事之迫，乃或浮游客寄，或十年，或五六年，不一覲其親，其説曰：“吾將有得而歸，爲父母榮也。”吁！事親之日有涯，而外物去來不可必也。以上真西山

孝一也，而分不齊。故自天子至於庶人，事親之心，未始或殊，惟隨分以自盡耳，不可謂曾參布衣，而其孝不足；舜撫四極，而其孝有餘。夫曾子之貧可知矣，固不以貧而自歉；舜之富貴可知矣，亦不以富貴而自足。蓋愛親，性也；貧富貴賤，命也；君子盡性，不謂命也。又曰：“子不私於親，非子也；士不明於義，非士也。賢者審擇內外取舍之宜，以事其親。愛日之誠，而無不及之悔，在我而已。”胡致堂

冀州之西二萬里，有孝養之國。其俗人年三百歲，織茅爲衣，即島夷卉服之類。死，葬之中野，百鳥啣土爲墳，群獸爲之掘穴，不封不樹。有親死者，刻木如影，事之如生。昔黄帝伐蚩尤，除諸凶害，獨表此爲孝養之鄉，舜封爲孝養之國。王嘉《拾遺記》

金世宗時，以所進御膳味不調適，有旨問之。尚食局直長言：“臣聞老母疾劇，私心憒亂，如喪魂魄，以此有失常視，臣罪萬死。”上嘉其孝，即令還家侍疾，俟愈乃來。

元平章政事廉希憲立朝讜正。元世祖令受帝師僧八思馬戒，希憲曰：“臣已受孔子戒。”世祖曰：“孔子亦有戒耶？”對曰：“爲臣當忠，爲子當孝，孔子之戒，如是而已。”

河北道廉訪副使僧家奴言：“自古求忠臣必於孝子之門。今官於朝，十年不省覲者有之，非無思親之心，實由朝廷無給假省親之制，而有擅離官次之禁。古律，諸職官父母在三百里外，三年聽一給定省假二十日；親不存者，三年聽一給拜墓假十日。宜計道里遠近，定立假期。其應省覲匿不行者坐以罪。”文宗詔廷臣議，行之。以上《元史》

龍江衛吏以過罰書寫，值母喪，乞守制，吏部詹徽不許，吏擊登聞鼓。太祖切責徽曰：“吏雖罰役，天倫不可廢。母死不居喪，人子之心，終身有歉。夫有善而阻之，何以爲勸？”徽大慙，吏得終喪。

太祖行後苑，見巢鵲翼哺之勞，曰：“禽鳥且爾，况人母子之恩乎？”令群臣有親老者許歸養。

明世宗詔曰：“人君爲治，必本孝道；聖人論政，必先正名。尊稱大禮，屢命群臣集議，輒引漢定陶王、宋濮王爲據，朕心靡寧。葢漢、宋二帝嘗立爲子，朕則入奉宗祧，與爲人後者不同。劬勞之恩，昊天罔極；因心之孝，每用歉然。今稱獻皇帝曰皇考，皇太后曰聖母，各正厥名，以申朕惓惓孝養之誠。”以上《明史》

孝子之愛親，無所不至也。生欲其壽，凡可養生者，皆盡心焉；死欲其傳，凡可以昭揚後世者，復不敢忽焉。養有不及，謂之死其親；没而不傳道，謂之物其親。斯二者，罪也，物之尤罪也。是以孝子修德修行，以令聞加於祖考，守職立功，以顯號遺乎祖考，俾久而不忘，遠而有光。今之人不然，豐於無用之費，而嗇於顯親之禮，以妄自誑，而不以學自勉，不孝莫大焉。方孝孺《孝經解序》

欲正大綱，莫先於明人倫，欲明人倫，莫先於孝。故先王制禮，子有父母之喪，君命三年不過其門，所以教人孝也。古者求忠臣於孝子之門，誠以居家孝，故忠可移於君。爲人臣者，未有不孝於親，而能忠於君者也；爲人君者，未有不教其臣以孝，而能得其臣之忠者也。宋仁宗嘗以故事起復富弼矣，弼之詞曰："何必遵故事以遂前代之非，但當據《禮經》以行今日之是。"孝宗嘗以故事起復劉珙矣，珙之詞曰："身在草廬之中，國無門庭之寇，難冒金革之名，以私利禄之實。"此無他，君能教其臣以孝，臣有孝可移忠於君也。自是而後，史嵩之援例起復爲丞相，王黻起復爲執政，陳宜中起復爲宰相，賈似道起復爲平章。此無他，君不教其臣以孝，臣無孝而移忠其君者也。陛下必欲賢任天下之事，不專門内之私，則賢不可起，口則可言。使賢於天下之事，知則必言，言之則必盡；陛下於賢之言，聞之必欲行，行之則必力。則賢雖不起復，猶起復也。何必違先王之《禮經》，拘先朝之故事，損大臣之名節，虧聖明之清化，而後天下可治哉？羅倫《論起復李賢疏》

父母之喪，人子豈不欲一哭便死，方快於心。然却曰"毁不滅性"，非聖人强制之也，天理本體，自有分限，不可過也。王陽明

教讀朱源，見其先世所遺翰墨，知其爲宋孝子壽昌之裔也。既弊爛矣，使工爲裝緝之。因諭之曰："孝，人之性也。置之而塞乎天地，溥之而横乎四海，施之後世而無朝夕。保爾先世之翰墨，則有時而弊；保爾先世之孝，無時而或弊也。人孰無是孝？豈保爾先世之孝，保爾之孝耳。保先世之翰墨，亦保其孝之一事，充是心而已矣。"源歸，其以吾言遍諭鄉鄰。苟有慕壽昌之孝者，各充其心焉，皆壽昌也已。王陽明《書宋孝子朱壽昌孫教讀源卷》

李空同曰："孝子之於親，欲其修而無短，故親之身非無期也。孝子曰吾親如金石，如松栢，如彭，如聃，非不知人之身非六者倫也，乃其心恒若斯矣。故曰'孝子愛日'。"

吕涇野曰："夫壽親有三道焉：得其上者之謂聖，得其中者之謂賢，得其下者之謂才。或曰：'何謂也？'曰：'壽其德者，萬世有辭，金石同其堅，日月齊其明，非聖而能之乎？壽其齒者，順厥考心，身甚康强，年越其度，非賢而能之乎？壽其業者，箕裘不壞，爲

他人有，非才而能之乎？故聖也者，盡性者也；賢也者，盡情者也；才也者，盡力者也。'”

汪南明曰：“人子亦爲其親用命耳，親命之學則力學，親命之田則力田。藉令廢《詩》《書》、棄稼穡，雖日侍親側，何以中親之歡？”

白沙子曰：“夫孝，百行之源也，通於神明，究於四海。堯舜，大聖人也，孟子稱之曰：‘孝弟而已矣。’”以上明文

羅仲素論“瞽瞍底豫而天下之爲父子者定”云：“只爲天下無不是底父母。”魏了翁聞而善之曰：“惟如此，而後天下之爲父子者定。彼臣弑君，子弑父，皆始於見其有不是處耳。一味見人不是，則兄弟、妻子、朋友，以及童僕、鷄犬，到處可憎，終日落嗔火中，如何得出。故云每事自反，不獨天下之父子定，而天下之兄弟、妻孥、朋友、童僕、鷄犬亦無不定，真一帖清涼散也。”

周萊峰問陸平泉云：“吴康齋謂：‘三綱五常，天下元氣，一家亦然，一身亦然。’此言何義？”平泉云：“古人有言：天下雖亂，亦有一方太平者；一方雖亂，亦有一家太平者。如大舜父頑、母嚚、象傲，烝烝乂，不格奸是也。即此便是元氣。”或問：“‘事親若曾子者’何義？”余曰：“此句真精神，在《大學》‘如保赤子，心誠求之’上。”又問曰：“此又是何義？”余曰：“大約父母之於赤子，無有一件不養志的。人子報父母，却只養口體，此心何安？即如曾子之養曾皙，比之三家村老嫗養兒者，十分中尚不及一，所以僅稱得個‘可’字。今人不必遠法曾參，但去取法三家村老嫗養兒，自然事父母不敢在口體上塞責矣！”

古人事親，惟恐不成聖賢。今人事親，惟恐不成科第。是可謂養志乎？曰：“父以此教之子，以此成之，如何不是養志？但既得科第之後，親老不能隨子，十年、五年常不相見。即錦衣歸省，内有妻孥，外有賓客，出入匆匆，具捧觴上壽、開口而笑者，又能有幾日？甚則新莊故宅，父子各居，雖供養不缺，而飲食寒温、滋味鹹酸之

類，誰復爲之檢點？此無論養志，亦何曾叫得養口體。市井負販，父子兄弟團圞一處，其饔飱無日不相共，其痛癢無刻不相關，即口體之養未全，而養志却無愧者，且寸薪粒米，皆從剜心瀝血中來，如此養父母，味雖苦而情則甘。富貴家名曰禄養，而未能必躬必親，如此養父母，味雖甘而情則苦。嗚呼！爲人子者，不惟不能養志，抑且不能養口體，非其忍心如此，所謂終身由之而不知者耳。雖然，亦却被‘科第’二字累他一半。葢父母教之，而父母還以自累也。以上陳眉公《秘笈》

父母於諸子中有獨貧者，往往念之，常加矜恤，飲食衣服之類，或有所私厚。子之富者，如有所奉，則轉以與之。此乃父母均一之心，而子之富者，或因以生怨，殆未之思耳。若使我貧彼富，父母必移此心於我矣。《日省録》

五刑莫大不孝，王法誅之，冥律禁之。其特甚者，則有四等，父母待孝尤切：曰老，曰病，曰鰥寡，曰貧乏。父母當壯盛，起居猶能自理；至龍鍾鵠立，扶杖易仆，寒夜苦寂，鐵骨難挨。又如偏風久病，坐卧不適，遺溲叢穢，蕭蕭可憎，子所難奉惟此時，親所賴子亦惟此時。又如老境失耦，寒煖誰問？丈夫猶可，嫠婦奈何？就使兒孫滿前，耦者耦，稚者稚，人人鼾睡去，箇箇樂事歸，漏聲長處不可問，枕邊淚濕與誰同。有孝兒孫，頗娛晚景；不幸而母我者乘慣澈潑，姑我者横面阻絶，祇護半點骨血，空博一世凄凉。又有撫字財匱，婚娶力竭，健少年經營肥煖，老窮人搔首躊躇，望一味以垂涎，丐三飡而忍氣。吁嗟！身從何來，而長養若是？此數老冤氣，猶足動天。子孫倍當行孝，勸化者於斯更吃緊云。

不孝習成有四：一曰私財。財入吾手，便爲吾有，而在父母手者，又謂吾得有之也。財足則忘親，財乏則覬親，求財不得則怨親。甚且以單父隻子，而争財囉唣者有矣；少長互推，而棄親不養者有矣。不知身誰之身？我不帶一財來，而襁哺無缺，以至今日，誰爲者乎？二曰戀妻子。妻子習狎，而父母嚴重也。美味錢財，欲娱妻寵子，佳會良辰，欲擁妻抱子，而寧親之念遂微也。不思子爲我子，而我爲誰子？親念我不顧，則我亦何賴有子哉？夫妻故聚樂，然當呱呱待哺時，豈解戀妻？即妻能擁我生活耶？辛勤字我，指望有婦，得稱成人，代勞貽燕。乃有婦，而親反不得有子耶？三曰嫖蕩。慾火正熾，客誘如狂，有倚廬傷心者不解也；家業浪費，婦姑勃谿，有激聒誚讓者不辨也。懷子不寐，風雨淒長夜之魂；垂白無歡，菽水冷半生之奉。吁嗟！狂興幾何，忍令有此。四曰争妒。天地之大，人猶有憾，父母之於衆子也，情豈無偏。乃攘臂争分，側目奪寵，或兄弟而觭觤，或姊妹而計較，護短争長，分曹伐異，相譏蠱而家道暌，積嗔喜而孝情薄矣。此四者，人之常情，人子不免其流，遂至大不孝。吁，可惕哉！

人子於親，祭之厚不如養之薄。俗每於歲節清明，一詣墳所，餘半載俱置親於荒墟不問。祭時候，大率與兄弟親友放情遊覽，盡歡而歸。節歲非掃松也，祇賞梅耳；清明非省墓也，祇踏青耳。嗟夫！禄不及親，飽妻孥而何益？生虧菽水，没列鼎以何爲？

顔伯子《孝弟醒語》云："但念得身從何來，父母從何往。新枝既起，舊本爲枯，菽水承歡，何能報答？則孝心自然疼痛。但念得茫茫大造，出世幾時，渺渺人寰，同胞幾個，幼相濡沫，老共護持，則友弟自然肫懇。"

唐王中書《勸孝篇》云："世有不孝子，浮生空碌碌。不念父母恩，何殊生枯木。百骸未成人，十月居母腹。渴飲母之血，饑食母之肉。兒身將欲生，母身如殺戮。父爲母悲辛，妻對夫啼哭。惟恐生産時，身爲鬼眷屬。一旦見兒面，一命喜再續。自是慈母心，日夜勤撫鞠。母卧濕簟席，兒眠乾裀褥。兒睡正安穩，母不敢伸縮。潛身在臭穢，不暇思沐浴。横簪與倒冠，形容不顧陋。動步憂坑井，舉足畏顛覆。乳哺經三年，汗血計幾斛。辛苦萬千端，年至十五六。性氣漸剛强，行止難拘束。朋友外追遊，酒色恣所欲。日暮不歸家，倚門至昏旭。兒行千里程，母心千里逐。一娶得好妻，魚水情和睦。看母面如士，觀妻顏似玉。母若責一言，含嗔怒雙目。妻或罵百般，陪笑不爲辱。母披舊裙衫，妻著新羅縠。不避人憎嫌，不解人羞忸。父母或鰥寡，長夜守孤獨。健或與一飯，病則與一粥。棄置在空房，猶如客寄宿。將爲泉下鬼，命若風中燭。怏怏至無常，孤魂殯山谷。魂靈在幽壤，誰念纏桎梏。纔得父母亡，兄弟分財禄。不識二親恩，惟言我之福。咸謂此等人，不如禽與畜。慈烏尚反哺，羔羊尤跪足。勸汝爲人子，經書勤覽讀。黄香夏扇枕，冬預温衾褥。王祥卧寒冰，孟宗泣枯竹。郭巨尚埋兒，丁蘭曾刻木。如何今時人，不學古風俗。勿以不孝頭，枉戴人間屋。勿以不孝身，枉著人衣服。勿以不孝口，枉食人五穀。天地雖廣大，不容忤逆族。蚤蚤悔前非，莫待天誅戮。”

楊貞復《論讀孝經》曰：“每日清晨默坐，閉目存想，從自身現今年歲，回想孩提愛親時光景如何，又逆想下胎一聲啼叫時光景如何，又逆想在母腹中，母呼亦呼、母吸亦吸時，光景如何。到此情識俱忘，只有綿綿一氣。忽然自生歡喜，然後將身想作個行孝的曾子，侍立在孔子之側，無限恭敬，無限愛樂。”

不孝所以習成者有四：一曰驕寵。父母憐憫過甚，嘗順他性，驟拂之，則不堪；嘗讓他便宜，任他佚豫，令之執勞，則不習。出言稍有過失，父不忍唐突子也，子乃敢唐突其父。文行藝能，父譽子惟恐不在我上也，子必欲父之出我下。積此驕妬，他人處展不出手，獨父母處展得出手，遂真謂老成人無聞知矣。二曰習慣。語言粗率慣，便敢衝突；動作簡易慣，便敢放恣。父母分甘絶少慣，遂不復憶其甘旨；父母扶病任苦慣，遂不復問其痛癢。三曰樂縱。見同輩不勝意氣，對雙老而味薄；入私室千般趣態，晤高堂而機窒。甚且明以父子兄弟爲俗物者矣。四曰忘恩記怨。夫恩習愈忘，怨習愈積，人情然也。故一飯見德，習久則饜嗛起；一施感恩，嘗濟則多寡生；一迎面見親，累日則猜嫌重。况父母兄弟，生而習之，以親愛爲故常。且有憂我而獲拂者矣，有譽我而被厭者矣，有强豫吾事而怒躭者矣。眼前大恩，恬然罔識，况能推及胎養之勞、襁哺之苦、弱質驚魂之痛者哉！故人情有至顛倒而不自覺者，子之於父母是也。此數者，皆近人情，且其人未嘗無真性也，積久不知其悮耳，最宜急急唤醒，蚤蚤克治。時思冲下，時念原本，時時入親肺腑中，其不爲大孝者，鮮矣。以上出《昨非庵》

【校勘記】

〔1〕“湙”，原作“咦”，今據《禮記·内則》改。

〔2〕“文”，原作“友”，今據《後漢書》卷六十二《荀爽傳》改。

〔3〕“知”，原作“不”，今據《三國志》卷二十七《王昶傳》改。

〔4〕“未”，原作“行”，今據《元次山集》改。

〔5〕“赴”，原作“越”，今據《元次山集》改。

孝經外傳卷之二

虞

大　舜

舜父瞽瞍頑，母嚚，弟象傲，皆欲殺舜。舜順適不失子道。耕於歷山，耕者讓畔；陶於河濱，器不苦窳；漁於雷澤，漁者分均。年五十猶嬰兒慕。帝堯聞之，事以九男，妻以二女，遂讓天下。

夏

大　禹

禹父鯀治水無功，殛死。禹傷之，勞心胼胝，居外十三載，漸九川，定九州，克葢前人之愆。禪天子位，禘嚳郊鯀，延祚四百。

殷

孝 己

孝己，高宗之子。事親一夜五起，視衾之厚薄、枕之高下也。高宗惑後妻言，放之而死，天下哀之。

周

文 王

文王之爲世子，朝於王季，日三。鷄初鳴而衣服，至於寢門外，問内豎之御者曰："今日安否何如？"豎曰："安。"文王乃喜。及日中，又至，亦如之。及暮，又至，亦如之。其有不安節，則内豎以告文王，文王色憂，行不能正履。王季復膳，然後亦復初。食上，必在，視寒煖之節，食下，問所膳，命膳宰曰："末有原！"應曰："諾。"然後退。

武 王

父文王至孝，武王帥而行之，不敢有加焉。文王有疾，武王不能[1]脱冠帶而養。文王一飯，亦一飯，再飯，亦再飯。旬有二日乃間。

周 公

周公旦，武王之弟。其事文王也，行無專制，事無由己，身若不勝衣，言若不出口，有奉持於文王，洞洞屬屬，如將不勝，如恐失之。郊祀后稷以配天，宗祀文王於明堂以配上帝。

曾　子

曾參字子輿，南武城人。嘗採薪於野，客至其家，母以左手搤右臂，臂痛，參即馳至。又從孔子在楚而心動，辭歸問母，母曰："思汝齧指。"孔子聞之，曰："參之至誠，精感萬里。"齊欲聘以爲卿，不就，曰："吾父母老，食人之禄，則憂人之事，吾不忍遠親而爲人役。"居嘗三日不舉火，十年不置衣，而養父母則每食必有酒肉，且問所與。

仲　子

仲由字季路。親没，南遊於楚，見孔子曰："昔者由也事二親之時，嘗食藜藿之實，爲親負米百里之外。親喪之後，從車百乘，積粟萬鍾，累裀而坐，列鼎而食，雖欲食藜藿，爲親負米不可復得也。"子曰："由也，可謂生事盡力，死事盡思者也。"

閔　子

閔損字子騫。早喪母。隆冬，後母以蘆花衣之，以絮衣己二子。父覺，欲出之，損泣告曰："母在，一子寒；母去，三子單。"母亦感悔，遂成慈母。

高　子

高柴字子羔，衛人。足不履影，啓蟄不殺，方長不折。執親之喪，泣血三年，未嘗見齒。

樂正子

樂正子名春，嘗下堂而傷其足，數月不出，猶有憂色。門弟子曰："夫子之足瘳矣，數月不出，猶有憂色，何也？"春曰："善如爾之問也！吾聞諸曾子，曾子聞諸夫子曰：'天之所生，地之所養，惟人爲大。'父母全而生之，子全而歸之，可謂孝矣。不虧其體，不辱其身，可謂全矣。故君子頃步而不敢忘孝也，今予忘孝之道，是以有憂色也。"

老萊子

老萊子，楚人。孝養二親，年七十猶作嬰兒戲，身着五色斑斕之衣。嘗取水上堂，詐仆卧地，爲小兒啼，弄雛於親側，欲親之喜。

尹伯奇

伯奇，吉甫之子。母死，吉甫更娶後妻。妻譖伯奇，因放伯奇於野。伯奇編芰荷而衣，採楟花而食。清朝履霜，而自傷無罪見逐，乃援琴而鼓之。宣王出遊，吉甫從，王聞之，曰："此孝子之辭也。"吉甫乃還伯奇。

漢

文　帝

帝名桓，高祖第三子，初封代王。居代時，母薄太后嘗病三年，帝目不交睫，衣不解帶，湯藥非口所嘗不進，仁孝聞於天下。

明　帝

帝爲光武第四子，陰后所生。即祚，長思慕。至踰年正月，當謁原陵，夢先帝、太后，如平生歡。既寤，悲不能寐。明旦，遂率百官詣陵寢，伏御床視太后鏡奩中物，感動悲涕，令易脂澤粧具。左右皆泣，莫能仰視。其日降甘露於陵樹，令百官採取以薦會。

清河孝王

王名慶。母貴人宋氏被誣自殺，葬於樊濯聚。王每竊感恨，四節伏臘，輒祭於私室。竇氏誅後，始令乳母於城北遥祀。及竇太后崩，慶求上塚致哀，帝許之，詔大臣四時給祭具。王垂涕曰："生雖不獲供養，終得奉祭祀，私願足矣。"欲求作祠堂，恐自同恭懷梁后之嫌，遂不敢言，泣向左右，以爲没齒之恨。後病，謂舅宋衍曰："清河埤薄，願乞骸骨於貴人塚旁，下棺而已。朝廷大恩，猶當應有祠堂，庶母子并食，魂靈有所依庇，死復何恨！"乃上書太后曰："臣國土下濕，願乞骸骨從貴人於樊濯聚。及今日口目尚能言視，冒昧干請。命在呼吸，願蒙哀憐。"遂薨。

石　建

萬石君石奮，河内人。景帝朝爲九卿，四子俱官二千石，咸以孝謹聞。長子建爲郎中令，白首而父尚無恙。每五日洗沐歸舍，竊問侍者，取親中裙厠牏，自澣灑，復與侍者，不令萬石君知，以爲常。

樊　儵

儵字長魚。母嘗病癰，儵晝夜匍伏，不離左右，以口吮癰。及母卒，哀毁不自支，帝遣小黄門朝暮送饘粥。

姜　詩

詩字仕游，廣漢人。事親供養備至，妻龐氏尤勤篤。母好飲江水，水去舍六七里，詩兒爲母取水被溺死，恐傷母情，詐言遊學。妻嘗泝流而汲，值風雨，歸稍遲。母渴，詩責而遣之。妻乃寄止鄰舍，晝夜紡績，市珍羞，使鄰母以意自遺其姑。久而姑怪，問之知，感慙呼還。姑性喜魚鱠，又不能獨食，夫婦常力作供鱠，呼鄰母共之。舍側忽有湧泉，味如江水，每旦出雙鯉，常得以充二母之膳。赤眉賊經詩里，弛兵而過，曰："驚大孝必觸鬼神。"時歲荒，賊遺米肉，詩受而埋之，比落蒙其安全。永平中察孝廉，顯宗詔曰："大孝入朝，凡諸舉者一聽平之。"尋除江陽令。卒於官治，鄉人爲立祀。

韓　俞

俞字伯俞，梁人。有過，其母笞之，泣，母曰："他日笞汝未嘗泣，今泣，何也？"對曰："他日得笞嘗痛，今母之力不能使痛，是以泣。"

汝　郁

汝郁，陳郡人也。五歲，母病不食，郁亦不食。母憐之，强食。郁能察色，知病，輒復不食。族人號曰"異童"。年十五，著於鄉。父母終，思慕致毁，推財於兄弟，隱於草澤。

江　革

革字次翁，臨淄人。少孤，奉母避亂，備經險阻，嘗採拾以爲養。數遇賊，欲刼去，革輒泣告有老母在。賊亦不忍犯之，且指以避兵之方，遂得俱免於難。轉客下邳，裸跣，行傭以供養，周身之物，莫不畢給與母。歸鄉里，嘗以母老，不欲動揺，自在轅中挽車，不用牛馬，鄉里稱之曰“江巨孝”。肅宗朝拜諫議大夫。元和中，制詔齊相曰：“江革前以病歸，今起居何如？夫孝，百行之冠，衆庶之始也。國家每惟志士，未嘗不及革。縣以見穀千斛賜‘巨孝’，常以八月長吏存問，致羊酒，以終厥身。如有不幸，祠以中牢。”

杜　孝

孝，巴郡人。幼失怙，母嗜魚膾，孝役於成都，截大竹筒，盛魚二頭，塞以草，投中流，祝曰：“願母得此食。”婦出汲於江，見竹筒横來觸岸，取視曰：“此必吾夫所寄。”熟以進姑。聞者嘆異。

黄　香

香字文疆，安陸人。家貧，無奴僕。九歲，事親躬執勤苦，盡心供養，暑則扇枕席，寒則以身温被。母没，思慕憔悴。年十二，太守劉護召之，署門下孝子，甚見愛敬。香博學，能文章，京師號曰“天下無雙，江夏黄香”。由郎中累遷尚書令。

王　修

修字叔治，營陵人。七歲，母以社日亡。來年此日，修念母哀甚，鄰里父老皆爲之罷社。

毛 義

盧江毛義家貧，以孝稱。南陽張奉慕其名，往候之。適府檄至，以義守安陽令，義捧檄而入，喜動顔色。奉心賤之。後義母死，服除，徵辟皆不就。奉嘆曰：“賢者固不可測。往日之喜，乃爲親屈也。”章帝下詔寵之。

廉 范

范字叔度，京兆杜陵人。少孤，十五歲，辭母入蜀迎父喪。載船觸石破没，范抱持棺柩，俱沉溺，衆力救得起，遂以喪歸。

隗 相

相，犍爲人。母惡江邊水不潔，必得江心水乃就飲食。相恒以舟汲之，患其流急，忽江心湧出一石，舟乃可依，人以爲孝感。朝廷徵拜爲郎。

薛 包

汝南薛包，字孟嘗。父娶後妻而憎包，出之。包不得已，廬於外，旦入灑掃。父怒，又逐之。乃廬於里門，晨昏不廢。積歲餘，父母慙而還之。後居喪過哀，諸弟求析産，包不能止，乃中分其財。包則奴婢引其老者，田廬取其荒頓者，器物留其朽敗者。諸弟數破産，輒復給之。公車徵至，拜侍中，稱疾不起。詔賜加禮如毛義。

歐　竇

竇，安城人。居父喪，廬於墓。鄰人逐虎，虎投其廬中，竇以衣覆之。鄰人問竇，竇曰："虎豈可藏之乎？"後虎月送一鹿以助祭。

虞　詡

詡字升卿，陳國武平人。早孤，孝養祖母。縣舉順孫，相國欲以爲吏，辭曰："祖母九十，非詡不養。"乃止。逮祖母終，喪闋，爲朝歌長，遷武都太守。

丁　蘭

蘭，河内人。少喪考妣，不及供養，乃刻木像，事之如生。鄰人張叔妻有借於蘭妻，妻告木像，木像不悦，遂不以借。張誶罵木像，以杖擊其首。蘭歸，見木像色變，詢知故，即奮擊張叔。吏捕蘭，木像爲之垂淚。郡守屬驗實，圖其形於雲臺。

蔡　順

順字君仲，汝南人。少孤，奉母至謹。一日，母飲於婚家，醉吐，順恐中毒，乃嘗其吐。母生瘡出膿，以口漱之。間出求薪，有客卒至，母望順不還，乃噬指，順即心動馳歸。王莽末，人相食，順拾桑椹，異器盛之。赤眉賊問故，順曰："黑者味甘，奉母；赤者味酸，自食。"賊亦憫之。母年九十終，未葬，火逼其舍，順伏棺號哭，火遂越他室。既葬，廬墓側。天旦下神魚四頭置祭。母生平懼雷，每有雷震，輒圜塚泣曰："兒在此。"累舉孝廉，不就。

范剡子

剡子二親俱老病，思鹿乳，遂順承親意，衣以鹿皮，入山雜群鹿中取乳。獵者見而欲射之，告以故。日率爲常，親得延壽。

王　陽

琅琊王陽爲益州刺史，行部至九折阪，嘆曰："奉先人遺體，奈何數乘此險。"以病辭去。

周　磐

磐字堅伯，安城人。居貧，以奉母儉薄不充爲歉。嘗誦《詩》至《汝墳》之卒章，慨然而嘆，乃解韋帶，應孝廉之舉。頻歷三縣。後思母，棄官歸養，教授生徒以終其身。郡守題其廬曰"有道"。

蕭固　芝

固字秀異，東海蘭陵人。遭父母喪，六年哀毀盡禮，雉鵲遊狎其居，麞鹿出入其門。子芝亦純孝，官尚書郎，有雉數十栖宿其廬。嘗上直，雉輒送之，飛鳴車側。

顧　翱

翱，吴人。少失怙，母好食雕胡飯，嘗率子女躬自採擷，導水鑿川。家近太湖，湖中忽遍生雕胡，無復雜草。邑令旌表其閭。

劉寵

寵字祖榮，牟平人。少受父業，以明經舉孝廉，除平陵令。母疾，棄官。百姓泣留，不得進，乃微服遁歸。

古初

古初，臨湘人。父喪未葬，鄰人火起及初舍，棺不可移，初匍匐柩上號慟，以身扞火，火頓滅。太守鄲甄異之，以爲首舉。

文漸

漸，資縣人。年十七，居母喪，負土築墓，墓木棲烏日共悲鳴。有鄉人勾文鼎娶而違親，聞漸孝行，深自悔責，歸養盡志。一時遠近感而化者甚衆。

董永

永，青州人。少失母，奉父避兵安陸。父没無以葬，乃從里人貸錢一萬，曰："後若無錢還，當以此身作奴。"葬畢，過槐樹下，遇一婦，願爲永妻。俱詣錢主家，主令婦織縑三百疋以償。一月而畢。婦辭永曰："我天之織女，因君至孝，上帝令我助君償債耳。"言訖，凌空而去。

顔烏

顔烏，會稽人。父亡，負土成墳。群烏啣而助之，其喙皆傷。因以傷名縣。

匡　昕

昕字令先。母亡已經日，昕號叫不已，母頓蘇，人以爲誠感所致。

方　儲

儲字聖公，歙人。舉孝廉。遭母喪，奠土築墳，種松栢嘉木數千本，致鸞鶴、白兔之瑞。

鮑　昂

昂字叔雅。父病數年，俯伏左右，衣不緩帶。及處喪，毀瘠三年，孺慕泣血，抱負乃行。服闋，遂潛墓次，不關時務。舉孝廉、辟公府，連徵不至。

郭　泰

泰字林宗，介休人。家貧，早孤。遭母憂，以至孝稱，嘔血發病，歷年乃瘳。

茅　容

容字季偉，陳留人。年四十餘，耕於野，避雨樹下，衆皆夷踞，容獨正襟危坐。郭泰見而異之，遂與共語，因留宿其家。旦日，容殺鷄爲饌，泰意謂爲己設，既而供其母，自以草蔬與客同飯。泰起拜曰："卿賢乎哉！"因勸令學，卒以成德。

彭　脩

脩字子揚，毘陵人。年十五，時父爲郡吏，得休，與脩俱歸。道中爲盜所刼，脩拔佩刀向盜，曰："父辱子死，汝不畏死耶？"盜驚，謂曰："孝子也。"毋逼之。

趙　咨

咨字文楚，東郡南燕人。少孤，州郡舉孝廉，不就。盜嘗夜刼之，咨恐母驚，乃迎盜，謝曰："老母八十，有病須養。居貧，朝夕無儲，乞少置衣糧。"妻子物一無所吝。盜慚而去。

頓　琦

琦字孝異，蒼梧人。居母喪，獨身立墳，歷年乃就，手植松栢成行，晨夕哭踊。有白鳩棲依廬側，見人則去，見琦則留。

蔡　邕

邕字伯喈，陳留圉人也。母滯病三年，邕自非寒暑節變，未嘗解襟帶。母卒，廬塚側，動静以禮，有白兔馴繞其室。

孫　期

期字仲彧，濟陰武城人。處貧不仕，牧豕澤中，奉母盡色養之道。從學者皆執經隴畔。黃巾賊起，相戒勿犯孫先生宅。郡舉方正，齎羊酒請期，期驅豕入莽不顧。

王　琳

王琳，汝南人。年十餘歲，父母俱亡。賊亂，鄉鄰逃竄，惟琳與弟獨守塚墓號泣不已。赤眉遇其弟，將殺之，琳自縶請先弟死，賊矜而俱放還。

申屠蟠

名蟠，字子龍，陳留人。九歲喪父，哀毁踰制，塚側有甘露、白雉之祥。每忌日，輒三日不食。除服，不進酒肉者十餘年，蔡邕稱曰“大孝”。

趙　恂

趙恂年五六歲時，得甘美之物未敢獨食，必先以獻父，父出輒待還而後食，過時不還則倚門啼以俟父。數年，父没，恂思慕羸悴，不異成人，晝夜悲號於墓側。

皇甫遐

遐，汾陰人。少喪父，事母益勤。及母喪，躬自負土，積以歲年，墳高數丈。食粥枕塊，櫛風沐雨，形容癯瘠，家人亦莫之識。遠近聞之，競以米麫相遺，皆不受。

宗元卿

元卿字希將。早喪二親，爲祖母所養。祖母病，元卿在遠輒心痛，大病則大痛，小病則小痛，以此爲常。鄉里號曰“宗孝子”。

嫣　皓

吴郡嫣皓，父爲南郡，坐事繫獄。皓懷一石至公卿門，輒出石叩頭，血流覆面，父遂得免。

祭　彤

彤字次孫。早孤，事母以至孝稱。遇天下亂，野無烟火，而獨在塚側。賊過，見其尚幼，皆奇而哀之。

袁　閎

閎字夏甫，汝南人。父賀，爲彭城相。閎往省謁，徒行無旅。既至府門，連日吏不爲通，會阿母出，見閎驚，入白夫人，乃密呼見。既而辭去，賀遣車送之，閎稱眩疾不肯乘，反，郡界無知者。及父卒郡，閎迎喪，不受賻賵，縗絰扶柩，冒犯寒露，體貌枯毁，手足流血，見者莫不傷之。服闋，累徵聘舉召，皆不應。延熹末，黨事將作，閎遂散髮絶世，欲投迹深林。以母老不宜遠遁，乃築土室，四周於庭，不爲户，自牖納飲食而已。日於室中東向拜母。母思閎，時往就視，母去，便自掩閉，兄弟妻子不得見也。潛身十八年，卒於土室。

羅　威

羅威字德仁，番禺人。八歲喪父。母年七十，天寒，嘗以身温席，而後授其處。及長，耕耘爲業，勤身苦體以奉母，瓜果嘗以時進。令長召署門下吏，不就，與母遁居增城。

董　黯

黯字叔達，鄞人。事母孝，比鄰王寄之母嘗以黯之孝責寄之不孝，寄怒，屢辱黯母。母亡，黯斬寄首以祭，自陳於官。和帝詔釋其罪。

魯恭　丕

恭字仲康，平陵人。父爲武陵太守，卒時恭年十二，弟丕七歲，晝夜號踊不絶聲，郡中賻贈一無所受。乃歸服喪，禮過成人，鄉里稱之。

陳　紀

陳紀字元方。遭父憂，每哀至，輒嘔血絶氣，雖服已除，而積毀消瘠，殆將滅性。豫州刺史嘉其至行，表上令，圖像百城，以勵風俗。

樂　恢

恢父爲縣吏，得罪於令，將殺之。恢年十一，俯伏獄門，晝夜號泣。令聞而釋之。

張　霸

張霸，成都人。年數歲而知孝讓，出入飲食，自然合禮，鄉人號爲“張曾子”。七歲通《春秋》，復欲進餘經。父母曰：“汝小，未能也。”霸曰：“我饒爲之。”故字曰伯饒焉。

孔　融

孔融字文舉。年十三喪父，哀悴過毁，杖而後起，州里稱之。後爲北海相。

徐　胤

徐胤，南州徐穉之子，字季登。少遭父母喪，毁瘁嘔血。服闋，隱居林藪，躬耕稼穡，倦則誦經。貧困窶乏，執志彌固，不受惠於人也。

三　國

顧　悌

顧悌字子通，雍族人。每得父書，灑掃整衣，設几案，舒書其上，跪讀之，每句應諾，畢，復再拜。有疾耗之問至，則臨書垂泣哽咽。父終，水漿不入口者五日。孫權爲作布衣一襲，强令釋服。悌雖公議自割，猶以不見父喪，常畫壁作棺柩像，設神座於下，每對之哭泣，服未闋而卒。

孟　宗

宗字公武，江夏人。在吴爲令，每得時物，必先以寄母。冬月，母疾思笴，宗入林抱竹，泣而求之，忽生笴數莖，母食疾愈。

斯　敦

敦，東陽人。赤烏間，父爲廷尉，失儀當死。敦叩闕泣血，乞以身代。吴主嘉之，赦其父罪，仍表其閭。

陸　績

績字公紀，吴郡人。六歲時，於九江見袁術，術出橘待之。績懷三枚，因拜辭墮地。術曰："陸郎作賓客而懷橘乎？"答曰："吾母性之所愛，欲歸以遺。"術奇之。

李　餘

李餘，涪城人。蜀漢時，年十三，父殺人出亡，母下獄。餘乞代母，不許，遂自殺。事聞，詔圖像於庭。

干顯思

顯思，新塗人。六歲失怙，踰年知求父像，時時拜泣。及長，守貧，能以筋力致養。母卒，累日不進飲食。比葬，居廬，虎馴其側。

程　堅

堅字謀甫。居貧，以磨鏡給養。母喪，哀號。櫪下有馬，每聞堅哭，輒淚出不食芻。

盛彦

彦字翁子，廣陵人。母王氏因疾失明，彦不應辟召，躬自侍養，母食必自哺之。母既疾久，數捶撻其婢。婢忿恨，伺彦暫出，取蠐螬炙綌之。母以爲美，然疑是異物，密藏以示彦。彦見之，抱母痛哭，母目忽開，從此遂愈。

曹休

曹休字文烈。十餘歲喪父，獨與一客擔喪假葬，侍老母渡江至吴。休祖嘗爲吴郡太守，於太守舍見壁上祖父畫像，下榻拜涕泣，同座者皆嘉嘆。母没，悲痛焦毁踰制。曹丕遣侍中奪喪服，使飲酒食肉。休受詔，而形體益憔悴。乞歸葬母，丕復遣越騎校尉節其憂哀。

司馬芝

芝字子華，河内人。少爲書生，避亂荆州，於魯陽山遇賊，同行者皆棄老弱走，芝獨坐守老母。賊至，以刃臨芝，芝曰："母老，惟在諸君。"賊曰："此孝子也，殺之不義。"芝以鹿車推載母。居南方十餘年，躬耕守道。

王裒

裒字偉元，城陽營陵人。父儀，以直言忤司馬昭見殺。裒終身不西向而坐，示不臣晋也。隱居教授，三徵七辟，皆不就。廬墓側，攀栢悲號，涕淚着樹，樹爲之枯。母存日畏雷，没後，每聞雷鳴，輒繞墓曰："裒在此。"誦《詩》至"哀哀父母，生我劬勞"，未嘗不三復流涕。門人爲之廢《蓼莪》。

晋

齊　王

王名攸。居文帝喪，哀毁過禮，左右以稻米乾飯雜理中丸進，王泣而不受。司馬稽喜諫曰：“毁不滅性，聖人之教。况荷天下之大業，輔帝室之重任，而可盡無極之哀與？顔閔爭孝，躬自進食。”王乃爲之强飯。

王　祥

祥字休徵，琅琊臨沂人。早喪母，繼母朱氏數譖之，由是失愛於父。每使掃除牛下，祥愈恭謹。父母有疾，衣不弛帶，湯藥必先經口。母欲食生魚，時天寒冰凍，祥解衣剖冰求之，冰忽自解，躍出雙鯉。母又思黄雀炙，旋有雀數十飛入其幕，復以供母。有丹柰結實，母命守之。每風雨，輒抱樹而泣。祥嘗在别床眠，母闇往斫之，值其私起，空斫得被。既還，因跪前請死。母弟覽，年數歲，見祥屢被楚撻，輒涕泣抱持；及成童，每諫其母。祥喪父之後，居憂盡禮，益有時譽。母更疾之，密使酖祥。覽疑有毒，祥亦心知，弟兄爭飲，母始奪去，因慙感悟，視如己子。武帝即位，拜太保，進爵爲公。壽九十四而卒。遺訓子孫曰：“言行可覆，信之至也；推美引過，德之至也；揚名顯親，孝之至也；兄弟怡怡，宗族欣欣，悌之至也；臨財莫過乎讓：此五者，立身之本也。”其子皆奉行之。

王　延

延字元延，西河人。事親色養備至，嚴寒，體無全衣，而供奉極滋味。晝則傭賃，夜則讀書。九歲喪母，每至忌日，則悲啼一旬。繼母遇之無道，冬日命延求生魚，不得，杖之流血。延扣冰而哭，忽有一魚，長五尺，踊出水上。時人歌曰："爲母致冰鮮，王氏有祥又有延。"

吴　猛

猛字世雲，濮陽人。八歲時，家貧，榻無帷帳。夏夜先卧，任蚊噬飽，手不敢驅，恐其去己而噬親也。父母終，服喪枯毁。蜀賊縱暴，焚燒邑屋，發掘丘隴，民人屏迹。猛守墓側，號慟不去，賊亦爲之感愴。

吴坦之　隱之

坦之，濮陽人。母將葬，設九飯祭，每臨一祭，輒號慟幾絶，至七祭，嘔血而卒。弟隱之，哭踊踰禮，祭葬盡誠。家貧，無人鳴鼓，每舉哀，恒有雙鶴警叫。居與太常韓康伯鄰，其母每聞隱之哭聲，輒爲之投筯，謂康伯曰："汝若秉銓，當舉如此輩人。"及康伯爲吏部，遂舉爲廣州刺史。

荀　顗

顗字景倩。年踰耳順，而母年九十，蒸蒸色養，不離左右。在喪憔悴，貌不可識，若嬰孺之號，哀感傍人。

何　曾

何曾字潁考，陽夏人。少襲父職，性至孝。嘗言於司馬昭曰："公方以孝治天下，而聽阮籍以重哀飲酒食肉，宜擯四夷，無令污染華夏。"傅玄著論稱曾及顗曰："以文王之道事其親者，其潁昌何侯與荀侯乎？古稱曾閔，今日荀何。”

氾 毓

氾毓字稚春，濟北人。父終，廬墓三十餘載，晦朔，躬掃墳壠，循行封樹，還家則不出門庭。武帝累召不就。

范 喬

喬年方二歲，祖馨臨終曰：“恨不見汝成人。”以所用硯與之。五歲，祖母以告喬，喬執硯便涕泣。後爲名儒。

王 猛

猛字景略。五歲而父遇害，隱居華山，終文帝之世不聽音樂，蔬食布衣，以喪禮自處。

桑 虞

桑虞字子深，黎陽人。年十四喪父，毀瘠過禮，日食米百粒，以糝藜藿。其姊諭之曰：“汝毀瘠如此，必至滅性，滅性不孝，宜自割抑。”虞曰：“藜藿雜米，足以勝哀。”丁母憂，亦如之。

皇甫謐

謐字士安。年二十，不好學。嘗得瓜果，輒進所後叔母任氏。任氏曰：“《孝經》云：‘三牲之養，猶爲不孝。’汝今年餘二十，目不存教，心不入道，無以慰我。昔孟母三徙以成仁，曾父烹豕以存教，豈我居不卜鄰，教有所闕，何爾魯鈍之甚也！修身篤學，汝自得之，於我何有！”因對之流涕。謐乃感激，勤學不怠。居貧，躬自稼穡，帶經而農，遂博綜典籍百家之言。始有高尚之志，以著述爲務。著論爲葬，送之制，名曰《篤終》。平生之物，皆無自隨，惟齎《孝經》一卷，示不忘孝道。

山　濤

濤字巨源，河内人。早孤，居貧。武帝時，遷尚書郎，以母老辭職。詔曰：“君雖乃心在於色養，然職有上下，旦夕不廢醫藥，且當割情，以隆在公。”濤心求退，表疏數十上，久乃見聽。帝特賜床帳裀褥，禮秩崇重。後居喪，年踰耳順，手植松栢，負土成墳，朝野稱述云。

卞眕　盱

卞壼字望之，曹州人。與庾亮同心輔政。蘇峻反，壼扶疾力戰死。二子眕、盱見父没，相隨赴賊，同時見害。母裴氏撫二子屍曰：“父爲忠臣，汝爲孝子。夫何恨乎！”徵士翟湯聞之，嘆曰：“父死於君，子死於父，忠孝萃於一門。”

劉　超

劉超字世輔，臨沂人。遭母憂去官，衰服不離身，朝夕號泣，朔望輒步至墓所，哀感路人。蘇峻謀逆，超爲右衛將軍，親侍成帝，雖幽厄之中，猶啓授《孝經》《論語》，密謀奉帝出。事泄，峻使任讓將兵入收超，害之。峻平，上追贈謚。

張　諟

張諟字公喬，吴人。所生母劉無寵，遘疾。時諟年十一，侍養衣不解帶，每劇則累夜不寢。及終，毀瘠過人，杖而後起。見年輩幼童，輒哽咽，州里謂之純孝。兄瑋善彈箏，諟以母劉先執此技，聞瑋爲清調，便悲感頓絶，遂終身不聽。父及嫡母相繼殂，六年廬墓所。生母先假葬琅琊黄山，建武中改申葬禮，賻助委積。於時雖不拒絶，事畢隨以還之。自幼及長，數十年中，嘗設母劉氏神座。出告反面，如事生焉。

庾　衮

衮字叔褒，鄢陵人。諸父并貴盛，惟衮父獨守貧約。乃躬親稼穡，以給供養。父亡，作筥賣以養母。母見其勤，曰："我無所食。"對曰："母食不甘，衮將何居！"母感而安之。母終，服喪居於墓側。[2] 祖墓樹爲人所斬，莫知爲誰，乃泣謝祖禰曰："德之不修，不能庇先人之樹，衮之罪也。"父老咸爲之垂泣，自後人莫之犯。父在時，嘗戒衮以酒，後偶醉，輒自責曰："汝廢先人之戒，其何以訓人！"乃於墓前自杖三十。

李　密

密字令伯，犍爲武陽人。年四歲，父亡，母更適人。感戀彌至，遂以成疾。祖母劉鞠之成立。祖母有疾，則涕泣側息，飲膳湯藥必先嘗後進。武帝徵詔屢下，密辭表曰："臣無祖母，無以至今日；祖母無臣，無以終餘年。臣今年四十有四，祖母劉今年九十有六，是臣盡節於陛下之日長，報劉之日短也。"帝曰："士之有名，不虛然哉！"賜婢二人，并郡縣供給。劉終，喪闋，仍徵爲太子洗馬。

王　接

接字祖游，河東人。幼喪父，哀毁過禮，鄉黨皆嘆曰："王氏有子哉！"同郡馬收薦於郡守劉原曰："竊見處士王接，岐嶷儁異，十三而孤，居喪盡禮，學過目而知，義觸類而長。不患玄黎之不啓，竊樂春英之及時。"郡守即禮命，接辭曰："接薄祐，少孤而無兄弟，母老疾篤，故無心爲吏耳。"

殷仲堪

仲堪，陳郡人。父病積年，仲堪衣不解帶，躬學醫術，究其精妙，執藥拭淚，遂眇一目。

孔　愉

愉字敬康，山陰人。十三歲而孤，虔奉母及祖母以孝聞。建興初，討華軼功，封愉不容侯。蘇峻反，愉朝服守宗廟。温嶠執愉手流涕曰："天下喪亂，忠孝道廢。能持古人之節義，歲寒不凋者，惟君一人耳。"

解叔謙

叔謙，鴈門人。母疾，夜禱於庭，聞空中語云："此病得丁公藤爲酒便差。"謙徧訪至宜都郡，山遇老翁伐木，問之，曰："此丁公藤也。"謙求歸漬酒。母飲之，病果瘥。

何　琦

琦字萬倫，陽穀人。年十三喪父，毁瘠過甚。事母孜孜，朝夕色養。嘗患鮮甘不贍，出爲郡主簿。母亡，哀慟幾絶。服闋，嘆曰："所以出身仕者，非謂有尺寸之能以效智力，實利微禄，私展供養耳。一旦煢然，無復怙恃，豈可復以朽鈍之質塵黷清朝哉！"遂隱衡門，累召不起。桓温過其境曰："此中有人。"

孟　陋

孟陋，武昌人，孟嘉之弟。布衣蔬食，文籍自娱。惟思立身行道，以顯父母。居喪，毁瘠殆於滅性，不飲酒食肉者十餘年，親族謂之曰："聖人制禮，令賢者俯就，不肖企及。若使毁性無嗣，更爲不孝也。"陋感其言，然後從吉。桓温躬往造焉。或勸用之，温嘆曰："會稽王尚不能屈，非敢擬議也。"陋聞之曰："億兆之人，無官者十居其九，豈皆高士哉！我疾病不堪從相王之命，非敢爲高也。"

陶　侃

陶侃字士行，鄱陽人。早孤貧，母湛氏紡績資給，使交結勝己者。范逵造其宅，母自剉薦給馬，截髮以易酒殽。逵過廬江太守張夔，稱美之。夔察爲孝廉，以軍功封東鄉侯，爲江夏太守，加鷹揚將軍。乃備威儀，迎母官舍。後以母喪去職。嘗有二客來弔，不哭而退，化鶴冲天去。欲葬未得地，忽失牛，侃往尋之，遇一老叟，謂曰："汝至孝感天，上帝命我指汝吉地，前見牛眠處是也。"鎮武昌時，每賓客讌集，酒有定限，或勸更少進，侃悽然曰："年少多酒失，慈親見約，故不敢踰。"

夏孝先

孝先，桐廬人。父亡，奠土築塋，廬其側。時有野火燎山，將逼塋域，孝先繞墓號慟，鳥獸群集，以毛羽濡水滅之。

李　信

李信，襄平人。父敏，河内太守，棄官歸，公孫度欲起之，遂乘舟浮海。信求數年不得，悲泣絶粒死。其子孤，幼力學，後官尚書僕射。

劉　殷

殷字長盛，新興人。七歲喪父，服喪三年，未嘗見齒。曾祖母王氏盛冬思堇菜而不言，食不飽者一旬矣。殷方九歲，問得故，乃往澤中，慟哭累日，若有人云："止聲。"殷收淚視地，便有堇生，得斛餘而歸。又嘗夢神謂之曰："西籬下有粟。"掘之，果得粟十五鍾，銘曰："七年粟賜孝子劉殷。"自是食之，七年乃盡。累辟，皆以祖母老不赴。同郡張宣子以女妻之，戒曰："劉殷至孝冥感，終當遠達，汝謹事之。"張氏亦婉順，事王母以孝著。有子七人，各授一經，一門之内，七業俱興。

符　表

表年十六時，母姜氏有疾，侍省晝夜數十日。母一食，表亦一食；母不食，表亦不食。見母將絶，號慟成咽。俄頃，母没，表亦没，一日二喪在殯，葬於四望岡。太守樹雙旌闕，以表其墓。

閻纘

纘字續伯，巴西安漢人。父卒，繼母不慈，恭事彌謹。而母疾之愈甚，乃誣其盜父金，訟於有司。遂被清議十餘年，亦無怨色。母後意解，更移中正，乃得復品。愍懷太子之廢也，纘輿棺詣闕，上書理太子之冤曰："臣伏念前太子遹生於聖父而至此者，由於長養深宫，父母驕之。每見選師，率取擊鐘鼎食之家，希有寒門儒素之士，遂使不見事父事君之道，所以敗也。"官至漢中太守。

楊香

楊香十四歲時，隨父往田穫粟，父爲虎所曳。香惟知有父而不知有虎，徒手踴躍向前，搤持虎頸，虎竟靡然而逝。

范宣

范宣字宣子，陳留人。十歲能誦《詩》《書》。嘗於後園挑菜，誤傷手指，捧手改容。人問："痛耶？"宣曰："不足爲痛，但受全之體而致毁傷，不可居耳。"家至貧儉，躬耕供養。親没，哀毁，廬墓。

趙至

至字景真。年十三時，新令之官，與母道旁視之。母曰："汝先世本非微賤，世亂流離，遂爲士伍耳。汝後能如此否？"至感母言，詣師受業。聞父叱耕牛聲，投書而泣。師問之，曰："未能榮養，使老父不免勤苦，是以泣。"占户遼西，舉郡計吏到洛陽，與父相遇。時母已没，父欲其宦立，托故弗之告，仍戒以勿歸，至乃還遼西。太康中，以良吏到洛，方知母没。初，至自恥士伍，欲以宦學立名，期於榮養。既而志不就，號憤嘔血而卒。

李　釗

李釗父毅，寧州刺史，討寇，死之，上嘉其節，謚曰“威侯”。釗聞父難，棄官至滇，一慟而絶。

許　孜

孜字季義，東陽吴寧人。二親没，哀毁踰禮，負土築塋，不藉鄉人之助。每一悲號，群鳥翔集。列植松栢亘五六里。一日，鹿犯松栢，孜嘆曰：“鹿獨不念我乎！”明日，鹿爲虎所殺。孜悵惋不已，乃埋於隧側。虎即孜前自撲死，亦埋之。自後樹木茂暢，竟無犯者。郡察孝廉，不起，巾褐終身。邑人稱其居爲“孝順居”。

庾道愍

道愍，鄢陵人。少孤貧。母漂流交州，道愍尚在繈褓。及長知之，求爲廣州綏寧府佐。至府而去交州尚遠，乃自負擔冒險，僅得自達。尋求母經年不獲，日夜悲泣。偶入村，值驟雨，寄止一家。有老嫗負薪外來，道愍心動，詢之，即其母也。俯伏號慟，遠近聚觀，莫不揮淚。

陳　遺

吴郡陳遺素以母好食鐺底焦飯，遺作郡主簿，恒裝一囊，每煮食，輒貯焦飯，歸以養母。後值孫恩亂，聚得數斗，未展歸家，遂帶以從軍。戰於滬瀆，敗，軍人潰散，逃走山澤，多餓死，遺獨以焦飯得活。母晝夜泣涕，目爲失明。遺還入户，再拜號咽，母目豁然。

潘　綜

潘綜，烏程人。孫恩之亂，與父走避。父困乏坐地，綜迎賊叩首曰："父年老，乞賜生命。"賊斫父，綜抱父於腹下，賊斫綜頭面，凡四創，當時悶絶。有一賊曰："此子以死救父，何可殺之。殺孝子不祥。"父子俱得免。有司奏改其里曰"純孝"。

華　寶

寶，無錫人。父戍長安，時寶八歲，父臨别曰："須我還，當爲汝冠婚。"後長安陷，寶年至七十不婚冠。或問之，輒號慟彌日，竟不忍答。今慧山華陂，寶所築也。

南北朝

梁武帝

武帝六歲時，獻皇太后崩，哭泣有過成人。及丁文帝憂，時爲齊王諮議，隨府在荆鎮，以病聞，便投劾星馳，不復寢食，倍道就路，憤風驚浪，不暫停止。帝形容本壯，及至都，銷毁骨立。每哭，輒嘔血數升。服内，惟日食麥二溢。拜掃山陵，涕泗所灑，松草變色。

庾沙彌

沙彌，鄢陵人。父坐事誅，時沙彌始生。及五歲，母製彩衣衣之，不衣，詰之，流涕曰："家門禍酷，何用此爲！"嫡母劉寢疾，晨昏侍側，衣不弛帶，或應針灸，則以身先試。母亡，終喪不食鹽醋，夏不解縗，冬不衣纊，所坐苫，淚沾爲爛。應純孝之選，補歙令。復丁所生母喪。還都，濟浙江，大風，舟將覆，抱柩號哭，俄而風止。

何子平

子平，廬江灊人。爲揚州辟從事史，月俸得白米，輒貨市粟麥。人或問之，答曰："尊老在東，不辦得米，何容獨食白粲。"母喪去官，年將六十。時東土饑荒，繼以師旅，八年不得營葬，晝夜哀號，嘗如祖括之日。冬不衣絮，暑不就清涼，日以米數合爲粥，不進鹽菜。所居屋敗，不蔽風日，兄子伯興欲爲葺理，子平曰："我情事未申，天地一罪人也，屋何宜覆。"會稽太守蔡興宗力爲營壙。

崔懷順

懷順，河東武城人。父邪利，魯郡太守，元嘉中沒於陣。懷順聞之，絕而復蘇。時淮北陷沒，懷順因北至桑乾。載喪還青州，徒跣冰雪，土氣寒酷，而手足不傷。

阮孝緒

孝緒字士宗，尉氏人。十餘歲隨父爲湘州行事，不書官紙，以成親之清白。父喪，不服綿纊，蔬菜有味輒吐之。後於鐘山聽講，母王氏忽有疾，兄弟欲召之，母曰："孝緒至性冥通，必當自至。"果心驚而還。醫言合藥需人蓡，舊傳鐘山所産，孝緒遍歷幽險，累日不得，忽見一鹿前導，隨之獲焉。母服遂愈。

任　昉

昉字彦升，樂安博昌人。爲司徒竟陵王記室參軍，以父憂棄職。齊武帝謂伯遐曰："聞昉哀瘠過禮，使人憂之，宜深相譬抑。"遐使進飲食，當時勉勵，回即嘔出。父性重梹榔，以爲常餌，臨終求之，剖百許口，不得好者，昉亦所嗜好，深以爲恨，遂終身不食梹榔。續遭母喪，廬於墓側，哭泣之地，草爲不生。

顏　髦

髦字君道。父喪在殯，鄰家失火，髦抱棺叫號，熛焰逼至，忽雨頓絶。後歷官太尉至黄門侍郎。

徐孝克

孝克，東海剡人也。侯景亂，歲饑，乃崎嶇乞食，以充母給。太宗詔爲國子祭酒。每侍宴，常取珍果納紳帶中，歸以遺母。上敕自今宴享，孝克前饌并遣。將還餉母，母病，欲粳米爲粥，不能常辦。母亡後，孝克遂噉麥。有遺粳米者，對之悲泣，終身不復食焉。

郭世通　原平

世通，會稽人。年十四，居父喪殆不勝哀。家貧，傭力以養母。母亡，負土合葬。親戚或共賻助，微有所受，葬畢，傭賃還先直。宋文帝嘉之，勅榜獨楓里爲孝行里。子原平，亦禀至性，養親必以己力，傭賃以給。主人設食，原平自以家貧，父母不辦有餚味，唯飱蔬飯而已。若家無食，則虚中竟日，義不獨飽。須日暮作畢，受直歸家，於里糴米，然後舉爨。父篤疾，原平衣不解帶，未嘗睡卧。父亡，慟絶數日方蘇。

高陽許瑶之罷建安郡丞，以綿遺之，不受。瑶之往謂曰："今歲過寒，而建安綿好，以此奉若母耳。"原平乃拜而受。母終，毁瘠彌甚。塋壙凶功，不欲假人。自不解作墓，乃訪邑中有塋墓者，爲其運力，乃悉窀穸之事。墓前有田數畝，每至農月，見耕者裸袒褻其墓，原平輒往哭之。久乃貿家資，買其田，躬自耕墾而後安。

徐孝肅

孝肅，汲郡人。早孤，不識父，及長，問其母父狀。因圖其形，搆廟置之而定省焉。母老疾，親易燥濕，憂悴數年。母終，惟茹蔬飲水而已，盛冬單縗，毁瘠骨立。祖父母、父母皆負土成墳，披髪跣足，遂以廬墓終身。

徐　份

份，孝穆之子。孝穆疾劇，醫禱百方不能愈。份焚香涕泣，跪誦《孝經》，三日夜不息，疾忽豁然。

宗　承

宗承，洛陽人。葬父不役僮僕，忽一夕間，土壤自高五尺，松竹疏密成行。

崔子約

子約五歲喪父，即不食肉。及居母喪，枯毁骨立。人云："崔九作孝，風吹即倒。"

臧燾 熹

臧燾爲助教，頃之，去官。以父母老，家貧，與弟熹俱棄人事，躬耕自業，約己養親者十餘年。父母亡，居喪六年，以毁瘠著稱。

李 純

李純父母寢疾，輒終日不食，十旬不解衣。及丁憂，哀慟嘔血數升。葬時，會仲冬積雪，行四十餘里，單縗徒跣，號踊幾絶，會葬者莫不爲之流涕。人因改其所居村爲"孝敬村"。

謝幾卿

幾卿，靈運孫。父超宗徙越嶲，詔家人不得相隨。幾卿時八歲，別父於新亭，不勝其慟，遂投於江。超宗命人救之，良久湧出，瀝耳目口鼻，出水數斗，十餘日乃能言。

張 敷

張敷字景胤。生而母亡，年數歲，問知之，雖童蒙，便有感慕之色。至十歲，求母遺物，而散施已盡，惟得一扇，乃緘録之，每至感思，輒開笥流涕。見從母，悲感哽咽。父在吴興亡，成服九十餘日，始進水漿。葬畢不進鹽菜，遂毁瘠成疾，未期而卒。孝武即位，追贈侍中，改其所居爲"孝張里"。

辛紹先

紹先仕魏，爲下邳太守。丁父憂，三年口不甘味，頭不櫛沐，髮遂落盡。

柳 遐

遐字子昇，聞喜人。初爲州主簿，父卒於揚州，遐自襄陽奔赴，六日而至，哀感行路，毁瘁不可識。後奉喪西歸，中流風起，舟人相顧失色。遐抱棺號慟愬天，俄頃浪息。其母嘗乳間發疽，醫云："此疾無可救，惟得人吮膿，或望微止其痛。"遐吮旬日而瘳。

陸 政

陸政母吴人，好食魚。北土魚少，政嘗求之，苦難。後宅側忽有泉出而生魚，遂得以供膳。人因名其泉爲"孝魚泉"。

荆 可

荆可苦身勤力，供養其親。親喪，悲號擗踊，絶而復甦者數四。葬後，廬於墓次，蓬髮不櫛，菜食飲水而已。舊時塋域極大，榛蕪至深，去家十餘里。可獨宿其中，與禽獸雜處。遠近哀感之。

王虚之

虚之字文静，石陽人。十三喪母，三十三喪父，二十五年鹽醋不入口。久病着床，忽一夕夢有人問疾，慰曰："君自旋愈。"數日果瘳。所居每夜有光如燭，庭中楊梅樹隆冬三實，墓上橘樹一冬再實。

樊深

樊深字文深，河東人。事繼母甚謹。魏永安中，隨軍征討，以功累遷中散大夫。嘗讀書見吾丘子，遂歸侍養。孝武西遷，樊、王二姓舉義，爲所誅。深父、叔并被害。深因避難，墜崖傷足，絶食再宿。於後遇得一簞餅，欲食之。然念繼母老病，或免擄掠，乃弗食。夜中匍匐尋覓母，得見，因以饋母。還復遁去，改易姓名，遊學於汾、晉間。周文平河東，深歸葬其父，負土成墳。撰《孝經》《喪服問疑》各一卷。

胡叟

胡叟少孤，每言及父母，則淚下若孺子號。春秋當祭之前，則先求旨酒美膳，將其所知廣寧常明陽、馮翊田文宗、上谷侯法儁，提壺執俎，至郭外空静處，設座奠拜，盡孝思之敬。時燉煌氾潜，家善釀酒，每節，送一壺與叟。著作佐郎博陵許赤武、河東裴定宗謂潜曰："再三之惠，以爲過厚，子惠於叟，何其恒也？"潜曰："我恒給祭者，以其恒於孝思也。"

趙琰

琰，天水人。少失父，事母至孝。年十四，有人盜伐其父墓前樹者，琰對之號慟，因執於官。見魏右僕射周惠達，長揖不拜，自述孤苦，涕淚交集，惠達爲嘆息者久之。

庾域　子輿

域字司大，新野人。爲懷寧太守，罷任還家，妻子猶事井臼，而域所衣大布，餘俸專充供養。母好鶴唳，在位營求，孜孜不怠。一旦，雙鶴來下，論者以爲孝感所致。子子輿，五歲讀《孝經》，手不釋卷。或曰："此書文句不多，何用自苦？"答曰："孝，德之本，何謂不多？"父在梁州遇疾，子輿奔侍醫藥，言淚恒并。尋丁母憂，哀至泣血，父戒以滅性，乃禁其哭。父出守巴西，子輿以蜀道險難，啓求侍從，獲許。後遷寧蜀，子輿亦相隨。父於路感心疾，每至必叫，子輿亦悶絶。及父卒，哀慟將絶者再。奉喪還鄉，秋水猶壯。巴東有灩澦石，高出二十許丈，及秋至，則纔如見焉。次有瞿塘大灘，行旅忌之，部伍至此，石猶不見。子輿撫心長叫，其夜五更，水忽退減，安流南下。及渡，水復舊，行人爲之語曰："灩澦如幞本不通，瞿塘水退爲庾公。"初發蜀時，有雙鳩巢舟中，及至，隨棲於廬側，每聞哭泣之聲，必飛翔檐宇，悲鳴激切。因立精舍。居墓所以終喪，手足枯攣，待人而起。仍布衣蔬食，志守墳墓。雖以嫡長襲爵，國秩盡推諸弟。

陸　襄

襄字師卿，吴縣人。爲揚州從事，以父終此官，固辭。武帝不許，聽與府司馬换廨居之。母患心痛，醫方須三升粟漿。時冬月，日又逼暮，求索無所，忽有老人詣門貨漿量如方劑。始欲求直，亡何失之，時以襄誠感所致。母憂去職，襄已五十，毁頓過禮。

虞　荔

虞荔，餘姚人。母隨荔入臺，卒於臺内，尋而城陷，情理不申，由是終身蔬食布衣，不聽音樂。帝以蔬食積久，非羸瘠所堪，乃勅曰："卿言事已多，氣力稍減，方欲仗委，良須充壯，今給卿魚肉，不得固從所執。"荔終不從。

雷　紹

紹九歲而孤，及長，給事鎮府。嘗使洛陽，見京都禮義之美，還謂同僚曰："徒知邊備尚武，以圖富貴；不謂文學，身之寶也。生世不學，其猶穴處，何所見焉？"遂逃歸，辭母求師。經年，通《孝經》《論語》。嘗讀至"人行莫大於孝"，乃投卷嘆曰："吾違離侍養，非人子之道。"即還鄉里，躬耕奉養。遭母憂，哀毁骨立，由是知名。

朱百年

百年少有至性。親没服闋，携妻孔氏入會稽南山，隱迹避人，惟與同縣孔顗友善。家貧甚，母以冬月亡，衣并無絮，自此不衣綿帛。嘗寒時就顗宿，衣悉裌布，醉後顗以卧具覆之，百年不覺也。既覺，引卧衣去體，謂顗曰："綿定奇温。"因流涕悲痛，顗亦爲之傷感。

劉　瑜

劉瑜七歲喪父，事母至孝。年五十二喪母，三年不進鹽醋，號泣晝夜不絶聲。勤身[運]力，以營葬事。服除，二十餘年經襟蔬食，言輒流涕。居墓側，未嘗暫違。

韓懷明

懷明，上黨人，客居荆州。十歲，母患尸疰，每發輒危殆。懷明夜於星下稽顙祈禱，時寒甚，忽聞香氣，空中語曰："童子，汝母須臾自差，無自勞苦。"未曉，而母果平復。

樂頤之

頤之字文德，湼陽人。仕劉宋，爲京府參軍。父在郢亡，頤之忽悲戀涕泣，因請假還，中路果得父凶問，即徒步奔馳，扶歸備葬。嘗自病，痛，嚙被至碎而不言，恐母憂也。吏部郎庾杲之造訪，款以枯魚菜葅而已，杲之不能食，母因出其膳。杲之曰："卿過於茅季偉，我愧非郭林宗。"

孫法宗

法宗一名宗之，吴興人。父隨孫恩入海澨被害，尸骸不收，兄母并餓死。孑身困苦，宿草履霜，辦棺營塚，葬送母兄。復入海尋求父尸，見枯骨則刻肉灌血，臂脛無完膚，血脈枯竭，終不得逢。遂衣衰絰以終其身。

袁廓之

廓之字思度，陽夏人。因父死非命，終身不聽音樂，布衣蔬食，足不出户，誓不臣宋，時人比之晉王裒，云顏[2]延之每見，嘆曰："有子如袁廓之足矣。"仕齊，至太子洗馬。

劉歊　訏

劉歊與族弟訏并隱居求志，奉母寢食不離左右。母意有所需，口未及言，歊已先知，手自營辦，以供晨夕。母每疾病，夢歊進藥，翼日轉有間效。謚曰"貞節處士"。訏數歲父母繼卒，居喪哭血孺慕，幾至滅性，赴弔者莫不稱焉。自傷早孤，人有誤觸其諱者，未嘗不感激流涕。謚曰"玄貞處士"。

王僧祐

僧祐字胤宗。未弱冠，頻經憂。居喪服闋，髮落殆盡，不立冠帽。舉秀才，爲驃騎法曹，羸瘠不堪受命。

沈崇傃

崇傃字思整，武康人。六歲丁父憂，哭踊過禮。及長，傭書養母。太守柳惲辟爲主簿。從惲到郡，還迎其母，未至而母卒。崇傃以不及侍疾，將欲致死，水漿不入口，晝夜號哭，旬日殆將氣絶。兄弟謂曰："殯葬未申，遽自毁滅，非全孝道也。"崇傃乃稍進食。母權瘞，去家數里，哀至輒之瘞所，不避風雪。每倚墳哀慟，飛鳥翔集。夜有猛獸來望之，有聲狀如嘆息者。家貧無以遷厝，乃傭工數年，始獲葬焉。既而廬於墓次，自以初行喪禮不備，復以葬後更行服三年。久食麥屑，不噉鹽醋，坐卧以單薦，因虚腫不能起。郡縣舉至孝。除永寧令。自以禄不及養，哀思不自堪，未至縣，卒。

荀　匠

匠字文師，潁陰人。父仕齊，安復令，卒。匠號慟氣絶，身體皆冷，至夜乃蘇。既而奔喪，每宿江渚，商旅不忍聞其哭聲。其兄斐爲鬱林太守，死於陣。匠迎於豫章，望舟投水，急救得存。自是居父憂并兄服，歷四年不出廬户。自括髮不復櫛沐，皆秃落。哭無時，聲盡則繼之以泣，目眥皆爛，形骸枯顇，雖家人不復識。梁武帝遣詔爲其除服，擢爲豫章王國左常侍。匠意不拜，外祖孫謙戒之曰："主上以孝臨天下，汝行過古人，故擢汝此職。非惟君父之命難拒，固亦揚名後世，所顯豈獨汝身哉。"匠乃拜。

甄　恬

甄恬數歲喪父，哀感有過成人。家人矜其小，以肉汁和飯飼之，終不食。年八歲，嘗問其母，恨生不識父，遂悲泣累日，忽若有見，言形貌，則其父也。家雖貧，養母常覓珍羞。及居喪，廬墓，恒有烏元黄雜色，集於墓樹，恬哭則鳴，哭止則止。

范　隆

隆字玄嵩，鴈門人。父方，魏鴈門太守。隆在孕，十五月而生。四歲又喪母，哀號之聲，感慟行路。單孤無緦功之親，族人范廣愍而養之。隆好學修謹，奉廣如父，晝耕夕讀。州郡薦舉皆不應。

江　泌

泌字士清，考城人。少貧，以斫屧爲業。母早亡，泌以生缺供養爲歉，遇鮭不忍食。菜不食心，以其有生意，惟食老葉而已。墓所忽爲野火所燒，泌哭三日，淚盡繼之以血。世稱爲“孝泌”。

江　紑

紑字含潔，考城人。年十三，父患眼，紑侍疾期月，衣不解帶。夢一僧云：“患眼飲慧眼水必瘥。”乃訪之草堂壽智師，曰：“慧眼見真，能度彼岸。”紑乃捨里舍爲寺。及就，因泄故井，其水清冽，取以爲父洗眼、煮藥，果瘥。

師覺授

覺授，北魏涅陽人。於路忽見一人持書一函，題曰“至孝師君苫前”。俄而不見。捨車奔歸，適值親死，一叫而絶，良久乃甦。後撰《孝子傳》八卷。累辟不就。

劉　瓛

劉瓛字子珪，宋沛郡相人。祖母病疽經年，手持膏藥，漬指爲爛。母孔氏謂親戚曰：“阿稱便是今世曾子。”稱，瓛小字也。及居母憂，住墓下，不出廬，足爲之屈，杖不能起。此山常有鵂鶹鳥，瓛在山三年不敢來，服釋還家，乃至。

陶季直

季直五歲喪母，哀若成人。初，母未病，令於外染衣；卒後，家人始贖，季直抱之號慟，聞者莫不酸鼻。

庾黔婁

黔婁字子期。仕南齊，爲孱陵令。到縣未旬，父易在家遘疾，婁忽心驚，舉身流汗，即日棄官歸。時父疾始二日，醫云：“欲知瘥劇，但嘗糞甜苦。”黔婁嘗之，味轉甜，心甚憂。每夕同妻稽顙北辰，求以身代，俄聞空中語曰：“徵君命盡，不可復延，念汝虔禱，至月末可耳。”果晦日亡。

蕭　放

放字希逸，梁宗室子也。隨父衹至鄴，邸卒，居喪以孝聞。所居廬室前有二慈烏來集，各據一樹爲巢，自午以前，馴庭飲啄，午後更不下樹，每臨祭時，舒翅悲鳴，全似哀泣。家人伺之，未嘗有缺。時以爲純孝之感。

杜　栖

杜栖字孟山。父亡，水漿不入口，七日猶哭不絶。每朔望節歲，嘔血數升。至祥禫，夜夢其父，一慟而亡。年三十六。

沈麟士

麟士字雲禎，武康人。居喪盡禮，忌日輒傷感彌旬。嘗作竹傷手，便流涕而還。同作者謂曰："此不足損，何致涕零？"答曰："此本不痛，但遺體毀傷，因悲耳。"居貧，織簾誦書，口手不息，鄉里號爲"織簾先生"。

岑之敬

之敬字思禮，棘陽人。五歲讀《孝經》，每焚香正坐，親戚咸加嘆異。十六，策《春秋左氏》《制旨孝經義》，擢爲高第。御史奏曰："皇朝多士，例止明經，若顏、閔之流，乃應高第。"梁武省其策，曰："何妨我復有顏、閔耶。"因召入面試。令之敬升講座，勑中書舍人朱异執《孝經》，唱《士孝章》，武帝親自論難之。之敬剖釋縱横，左右莫不嘆服。

李士謙

士謙，平棘人。髫齔喪父，事母以孝聞。母曾嘔吐，疑中毒，因嘗之。伯父深所嘉尚，每稱“此兒吾家曾子也”。年十二，魏廣平王贊辟開府參軍事。丁母憂，居喪骨立。有姊適宋氏，不勝哀而死。士謙服闋，捨宅爲伽藍，脱身而出。詣學請業，研精不倦。隋有天下，畢志不仕。自以少孤，未嘗飲酒食肉，口無殺害之言。親賓至，輒陳樽俎，對之危坐，終日不倦。

蕭叡明

叡明，南蘭陵人。仕員外殿中將軍。母病，積年沉卧。叡明祈禱於天，時隆冬，下淚爲之冰如筯，額上叩頭血亦冰不流。忽有人以小石函授之，曰：“此療夫人病。”叡明跪受之，倏不見。函中惟有絹三寸，丹書爲“日月”字，母服之即平。

王　彭

王彭，直瀆人。父母亡，家貧無以營葬。晝則傭工，夜則號泣，鄉里憐之。葬所去淮五里，荷擔遠汲爲艱。忽一旦大霧，生泉，葬畢，水泉自竭。詔改其里爲“通靈里”。

楊　範

範字文端，齊人。齊、宋之亂，母在城中，採椹藏於地，夜取之進母，如是非一日。忽於地中得米十斛，上有文云：“賜孝子楊範，以資給母。”

丘　傑

丘傑，吴興人。年十四歲遭母喪，以熟菜有味，啖生菜歲餘。中蝦蟆毒，夢母曰："死止是分别耳，何事乃爾荼苦。靈牀前有藥三丸可取服之。"傑驚起，果得藥，服之即下蝌斗子數升而愈。

滕曇恭

曇恭，南昌人。五歲時，母楊氏患熱，思瓜，非其時，歷訪不得。曇恭且行且悲，遇一僧，曰："我有一瓜相遺。"持歸奉母，舉室驚異，時號"滕曾子"。太守王僧虔引爲功曹，不就。

吉　翂

吉翂字彦霄，馮翊人。父爲原鄉令，被吏所誣，逮詣廷尉。翂時年十五，號泣衢路，祈請公卿，見者皆爲隕涕。其父理雖清白，而耻爲吏訊，乃虚自引咎，罪當大辟。翂乃撾登聞鼓，乞代父命。梁主以其幼，疑人教之，使廷尉訊之。對曰："囚雖年幼，豈不知死之可畏？顧諸弟幼，惟囚爲長，不忍見父極刑，所以内斷胸臆，上干萬乘。此非細故，奈何受人教耶！"上乃宥其父罪。丹陽尹王志欲於歲首，舉充純孝。翂曰："異哉王尹，何量翂之薄乎！父辱子死，斯道固然，若翂有靦面目，當此舉，是因父取名，何辱如之。"固拒而止。

劉　霽

霽字士湮。年十四居父憂，每哭輒嘔血。家貧，立志勤學。母胡氏寢疾，霽年已五十，衣不弛帶者七旬。母亡，廬於墓門，哀慟過禮，阮孝緒致書抑譬焉。霽思慕不已，未終喪而卒。

郭文恭

文恭，太原平遥人。仕爲太平縣令。年踰七十，父母俱亡。哀慕罔極，乃居墓次，晨夕拜泣。跣足負土，更培祖、父二墳，寒暑竭力，積年不已，見者莫不涕淚。

朱　泰

泰，湖州武康人。家貧，鬻薪養母，嘗適數十里外易甘旨以進。泰服食粗糲，戒妻子常候母顔色。一日，鷄初鳴入山，爲虎攫去。已瞑眩，忽少醒，厲聲曰："虎爲暴食，我所恨我母無托！"虎忽棄泰於地，走不顧，如有人疾驅狀。泰亦匍匐歸。母抱之泣，泰猶茫然也，不踰月如故。鄉里感之，遺以金帛，目爲"朱虎殘"。

閻元明

元明，安邑人。除北隨郡太守。以違親養，興言悲慕，母亦慈念，泣淚喪明。悲號上訴，許歸奉養。一見其母，母目便開。有司狀聞，詔表其里。

劉　覽

覽字孝智，彭城人。母憂，廬墓三年，不嘗鹽酪，食麥粥而已。隆冬止衣單布，家人慮之，中夜竊置炭於床下，覽因煖得寐。及覺知之，號慟嘔血。梁武帝數使省視。

韋　師

韋師字公穎，杜陵人。少就學，始讀《孝經》，捨書而嘆曰："名教之極，其在斯乎！"少丁父母憂，居喪盡禮，州里稱其有孝行。

吴明徹

明徹字通昭，秦郡人。幼孤。年十四，感墳塋未修，家貧無以取給，乃勤耕種。天下亢旱，苗稼焦枯，明徹哀憤，每之田中號泣，仰天自訴。居數日，有自田還者，云苗已更生，明徹疑其紿己，及往如言，秋大穫，足充葬用。

司馬暠　延義

暠字子昇，建昌人。年十二，丁内艱，哀慕過禮，水漿不入口，殆經一旬。每號慟，必至悶絶。丁父憂，毁瘠愈甚，廬於墓側，日進麥粥一升。墓在新林，連接山阜，舊多猛獸，暠結廬數載，豺狼絶迹。常有兩鳩栖宿廬所，馴狎異常。子延義，初隨父入關，丁母憂，喪過於禮。及暠還都，乃躬負靈櫬，晝伏宵行，冒履冰雪，手足皸瘃。至都，遂至攣廢，數年乃愈。

裴　俠

裴俠字嵩和，解人。年十三，遭父憂，哀毁若成人。將擇葬地，忽聞空中有人曰："童子何悲，葬於桑林東，封公侯。"俠以告母，母曰："神也，吾聞鬼神福善，爾家未嘗有惡，以吉祥告汝耳。"時俠宅有大桑林，因葬焉。後進爵爲侯。

裴子野

子野字幾原。生而母魏氏亡，爲祖母陰氏所養。年九歲，陰氏亡，泣血哀慟，家人異之。父寢疾彌年，子野禱請備至，涕泗霑濡。父夜夢見其容，旦召視如夢，俄而疾間，以爲至孝所感。及居喪，每之墓所，草爲之枯。

劉　苞

劉苞字孝嘗，三歲而孤，至六七歲，見諸父嘗泣。其母謂其畏憚，怒之。苞曰："早孤不及見父，聞諸父多相似，故心中悲耳。"因相抱泣下。初，苞父母及兩兄相繼亡，悉假瘞焉，苞年十六，始移墓所，經營改葬，不資諸父。奉大母朱夫人及所生陳氏，并扇席温枕，諸叔父常嘆服之。

張　稷

稷字公喬，吴人。年十一，遭母疾，衣不解帶，夜不安枕。及終毁瘠，杖而後起。見年輩幼童，輒哽咽泣淚，州里謂之純孝。後官御史中丞。

夏侯訢

訢字長況，寧陵人。侍母疾，衣不解帶者三年，母憐其苦，令出便寢息。訢方假寐，夢其父告之曰："汝母非凡藥可愈，上帝憐汝，賜以仙藥在室後桑枝上。"訢驚起，如所得藥。服之，病頓瘥。

褚　修

褚修，錢唐人。父仲都，歷五經博士。少傳父業，爲宣惠參軍記室。父喪，毁瘠過禮，因患冷氣。復丁母憂，水漿不入口二十三日。每號慟輒嘔血，竟以毁卒。

長孫慮

慮，代人。母因飲酒，父叱之，誤以杖擊死，坐罪。慮列辭上書云："父母忿争，本無餘惡，直以謬誤，一朝横禍。今母未殯，父命旦夕，慮兄弟五人并冲幼。慮身居長，今年十五，有一女弟始四歲。父若就刑，交墜溝壑。乞身代父，使嬰弱得蒙存立。"尚書奏云："慮於父爲孝子，於弟爲仁兄，原情究狀，實可矜憐。"詔恕其父死罪。

王文殊

文殊字令章。父没於魏，思慕泣血。立小屋縣西，端拱其中，歲時伏臘朔望，北向長悲，蔬食麻緼三十餘年。詔榜其里曰"孝行"。

蔡　徵

徵字希祥。年六歲，詣梁吏部尚書褚翔，翔嘆其穎異。七歲丁母憂，居喪如成人禮。繼母視之不以道，徵侍奉益謹，初無怨色。本名覽，父以其有王祥之性，故爲之更名。陳大業中，遷太子舍人。

趙　琰

琰字叔起，天水人。父温，卒於仇池。遭亂，琰[4]爲乳母携奔壽春，年十四始歸。歡如再世，飲食必親調奉。爲兗州司馬。積四十餘年，甫得葬祭。久絶葷酒，惟食麥飯而已。

張　昇

張昇，京縣人。喪父，哀號以夜繼晝，形容枯槁，鬢髮墮落。聲聞鄉里，盜賊不侵其境。

庾　震

震字彦文，新野人。父母俱亡，貧不能葬，賃書積歲，因獲措辦。南陽劉虯爲之撰傳。

陶子鏘

子鏘字海育。母終，居喪盡禮。與范雲鄰，雲每聞其哭聲，必動容改色。母嗜蓴，恒以供奠。梁武義師初至，營蓴不得，子鏘痛恨，號哭而絶，久之乃甦。遂長斷蓴味。

張　昭

昭字德明，陳吴郡人。父患消渴，嗜鮮魚，昭乃身自結網捕魚，以供朝夕。及父卒，不衣綿帛，不食甘美，日惟啜麥屑粥。每一感慟，必至嘔血。服終，又喪母，哀毁如之。

徐普濟

普濟，臨湘人。居喪未葬，鄰火將及，濟號慟伏棺，以身蔽火。鄰人往救，焚炙已悶絶，累日乃蘇。

謝　曙

謝曙字宣鏡。年數歲，母郭氏疾，曙晨昏温凊，勤容戚顔，未嘗暫改。恐僕役營疾懈倦，躬自執勞。母久疾畏驚，一家尊卑感曙至性，咸納屨行、屏氣語，如此者十餘年。

顧　歡

歡字景怡，鹽官人。母喪，水漿不入口六七日，遂隱不仕。於剡天臺山開舘授徒，嘗近百人。有病邪者問歡，歡曰："家有何書？"答曰："惟有《孝經》而已。"歡曰："可取《仲尼居》置病人枕邊恭敬之，自差也。"病者果愈。後人問其故，答曰："善禳惡，正勝邪，此病者所以差也。"南齊高帝召爲太學博士，不就。

張　譏

譏，武城人。幼喪母，有錯綵經帕，即母之遺制，及有所識，家人具以告之。每歲時，輒對帕哽噎，不能勝。及丁父憂，居喪哀癯過常。爲士林舘學士。簡文在東宫，出士林舘發《孝經》題，譏論義往復，甚見嘆賞。

王元規

元規字正範。事母勤謹，晨昏未嘗離側。梁時，山陰縣忽暴水，流漂居宅，元規得一小船，倉卒止引其母并姑。妹入船不得，帶其男女三人俱閣於柳樹杪，及水退，咸獲安全。

阮　卓

阮卓父隨岳陽王出鎮江州，卒。卓時年十五，自都奔赴，水漿不入口者累日。載柩還都，渡蠡湖，中流遇疾風，船幾没者數四，卓仰天悲號，俄而風息。

雙泰貞

泰貞，吴興人。沈攸之起兵，召之，泰貞殺傷數人，不從。攸之將母去，泰貞自歸求母，攸之曰："此孝子也。"釋之。

韓靈珍　靈敏

會稽靈珍、靈敏兄弟早孤，并有至性。母尋又亡，貧無以營葬，兄弟種瓜，朝採而暮復生，葬事由此舉。

殷不害

北魏于謹伐梁，入江陵，殷不害失其母。時冰雪交積，死者横溝。不害行哭於道，見溝中死人，輒投下捧視，舉體凍濕，水漿不入口，號哭不輟聲，如是三日，乃得之。

王僧孺

僧孺，東海郯人。年五歲，讀《孝經》，問授者曰："此書何所述？"曰："論忠、孝二事。"僧孺曰："若爾，願嘗讀之。"有餽其父冬李者，先以一與之，僧孺不受，曰："大人未見，不容先嘗。"家貧，傭書以養母，寫畢，諷誦亦了。後歷官御史中丞。

熊　衮

熊衮爲魏尚書，廉介自守。父喪未葬，晝夜號泣，忽天雨錢，三日得以襄事。

剡縣小兒

小兒年八歲，與母俱得赤斑病。母死，家人不令小兒知。小兒疑之，問云："母嘗數問我病，今不復問，何也？"下床匍匐至母側，號慟而絶。

隋

薛　濬

濬字道頤。少孤，養母以孝聞。開皇中，歷考功侍郎。上賜其母几杖輿服、四時珍味，母喪，命鴻臚監護喪，歸葬夏陽。時隆冬極寒，濬衰絰徒跣，冒犯雪霜，自京及鄉，五百餘里，創血墮指。州里賻助，一無所受。尋起令視事，上見其毁瘠過甚，爲之改容。其弟謨時在揚州爲王府兵曹參軍事，乃遺書於謨曰："吾以不造，幼丁艱酷，窮遊約處，屢絶簞瓢。晚生早孤，不聞《詩》《禮》，賴奉先人貽厥之訓，獲稟母氏聖善之規，負笈裹糧，不憚艱遠。砥行礪心，困[5]而彌篤。自釋耒登朝，於兹二十三年矣。雖官非聞達，而禄喜逮親，庶保期頤，得終色養。何圖精誠無感，禍酷洊臻，兄弟俱被奪情，苫廬靡申哀訴。是以叩心泣血，貫氣摧魂者也。既而創鉅釁深，不勝荼毒，啓手啓足，幸得全歸。使夫死者有知，得見先人於地下矣。但念汝伶俜孤宦，遠在邊服，顧此恨恨，如何可言。冀汝面訣，忍死待汝。汝既不來，便成今古，緬然永别。”書成而卒。

梁彦光

彦光，烏程人。七歲時，父遭疾篤，藥需紫石英，求之不得，彦光憂瘁，不知所爲。忽見園中一物，光怪持歸，即紫石英也，疾尋愈。彦光累遷小馭下大夫。母憂去職，哀毁不支。起令視事，帝見其毁甚，嗟嘆久之。

田德懋

德懋，高平人。開皇初，以父軍功賜爵平原郡公。丁父艱，哀慕泣血，廬墓三年。高祖聞而嘉之。

韓子誕

子誕，天水人。親没，負土築墳，口不能食，居不能安，哀戚成疾。及卒，視其脊骨皆毁，中外聞者莫不感泣。

支叔才

叔才，定州人。隋末荒饉，母爲賊執，叔才告以情，賊憫其孝，釋之。母病癰，叔才吮瘡注藥。及亡，哭無時聲，目眥皆爛。有白鵲止其墓側。

令狐熙

令狐熙字長熙。以母憂去職，殆不勝哀。其父告之曰："大孝在於安親，義不絶嗣。吾今見存，汝又隻立，何得過爾毁頓，貽吾憂也。"熙自是稍加饘粥。復丁父憂，非杖不起，人有聞其哭聲，莫不爲之下泣。

許智藏

智藏，高陽人。幼常以母疾，遂覽醫方，因而究極。誡諸子曰："爲人子者嘗膳視藥，不知方術，豈謂孝乎？"由是世相傳授。仕梁，爲員外散騎侍郎。

王　崇

王崇身勤稼穡，以養二親。仕梁州鎮南府主簿。母亡，杖而後起，鬢髮墜落。權殯宅西，晝夜哭泣，鳩鴿群至。有小鳥，素質黑眸，形大於雀，栖於崇廬。母喪闋，復丁父憂，哀毁過禮。是年夏，風雹，所經處，禽獸暴死，草木摧折。至崇田畔，風雹便止，禾麥十頃，竟無損落。

李德林

德林字公輔，安平人。年十六，遭父憂，自駕靈輿，反葬故里。時嚴寒，單縗跣足，州里人皆敬慕之。居貧轗軻，母氏多疾，方留心典籍，無復宦情。其母後病稍愈，逼令仕進。丁母艱，以至孝聞，朝廷嘉之。裁百日，奪情起復，固辭不起。

楊　慶

楊慶，河間人。郡察孝廉，以侍養不就。母有疾，不解襟帶者七旬。及居憂，哀毁骨立。隋高祖受禪，授平陽太守。

田　翼

田翼奉母素以勤謹稱。母患暴痢，翼疑中毒，親嘗穢惡。母終，翼一慟而絶，妻亦不勝哀而死。鄉人共厚葬之。

翟普林

普林，楚丘人。躬耕色養，不應州郡辟命，鄉里稱爲“楚丘先生”。父母疾，親易燥濕，忘寢食者七旬。大業初，父母俱亡，思慕不絶於心，培土成塚。家有烏犬，常隨在墓側。

華　秋

華秋，汲郡臨河人。家貧，傭賃養母。母終，負土築塋，形枯骨立。有欲助之者，輒拜而止之。時縣犬獵，一兔奔入秋廬中，匿其膝下，獵人異之。自此兔常宿廬中，馴其左右。隋末，群盗紛掠，必相戒曰：“勿犯孝子。”鄉賴秋全者甚衆。

王少玄

少玄，聊城人。隋末，父死於兵，遺腹生少玄。甫十歲，問父所在，母以告，即哀泣求尸。時野中白骨覆壓，或曰：“以子血而滲者，即父胔也。”少玄鑱膚滴血，越旬而獲，遂以葬。

劉審禮

審禮，彭城人。少喪母，爲祖母元所養。隋末大亂，負祖母渡江，轉側避地。及平，復入長安。元每疾，必親視藥，嘗而進。元曰："兒孝通幽顯，吾一顧念，疾輒間。"貞觀中，歷左驍衛郎將。及父喪會葬，徒跣血流，行路咨嘆。服除，襲爵讓其弟，見父執輒感泗滂沱。事繼母尤謹，而妻子執寒苦，晏如也。

鈕士雄

士雄，安邑人。喪父，廬於塚側。其宅前有一槐樹，先甚鬱茂，及士雄居喪，遂枯死。服除還宅，槐復榮。高祖詔褒揚之，號其居爲"累德里"。

【校勘記】

〔1〕"能"，底本有，依《尚書·文王世子》及上下文意應爲衍字。

〔2〕"終""服"，二字原誤倒，今據《晉書》卷八十八《庾衮傳》改。

〔3〕"顔"，原作"顧"，今據《南史》卷二十六《袁南之傳》改。

〔4〕"琰"，原作"母"，今據《魏書》卷八十六《趙琰傳》改。

〔5〕"困"，原作"因"，今據《隋書》卷七十二《薛濬傳》改。

孝經外傳卷之三

唐

高　祖

高祖初葬元貞太后時，遇祁寒，跣行二十餘里，足皆流血，毁頓之極。言及二親，未嘗不流涕。有得時物及諸方異膳，必先薦享而已方食。

李　皋

皋字子蘭，嗣曹王爵。詔授衡州刺史，有治行，觀察使辛京杲嫉之，陷以法，貶潮州刺史。楊炎入相，復擢爲衡州。始皋之遭誣在治，念太妃老，將驚而戚，出則囚服就辨，入則擁笏垂魚。即貶於潮，以遷入賀。及是，然後跪謝告實。

尹嗣宗　怦

嗣宗，襄陽人。居喪循禮，貞觀中特蒙旌辟。結廬墳側，若將終身焉。子怦，年十三，竭力備養。父疾篤，歷年不解衣，形貌頓瘠。父卒，朝夕號慟，幾至殞絶，有紫芝産於墓門。刺史封道洪改其居爲南陔里，張柬之爲記。

許 坦

坦，豫州人。年十歲，隨父入山採藥，父爲獸所噬，即號叫以杖擊之，獸遂奔走，父以得全。太宗聞之，謂侍臣曰："坦雖幼童，遂能致命救親，至孝自衷，深可嘉賞。"授文林郎，賜物五十段。

吕 向

向字子回，涇州人。父岌，客遠方不還。少喪母，失墓所在，巫者求得之。後有傳父猶存者，訪索累年不獲。他日自朝還，道見一老人，心動，下輿問之，果父也。抱父足號慟，行人爲流涕。上聞咨嘆，官岌朝散大夫，賜錦綵，給內教坊樂工娱其心。

叚秀實

秀實字成功，汧陽人。六歲，母疾，不勺飲，秀實亦不食至七日，病間乃肯食，時號"孝童"。

丁公著

公著字平子，蘇州人。三歲喪母。甫七歲，見鄰媪抱子，哀感不肯食。稍長，父勉勑就學，授集賢校書郎，不滿秩輒去，侍養於家。父喪，負土作塚，貌力癯憊，見者憂其死孝。

費冠卿

冠卿，青陽人。既登第，聞母病，革馳歸，而母已葬，遂廬墓以終喪。嘆曰："干禄養親耳。得禄而親喪，何以禄爲？"再詔不起。杜荀鶴贈詩云："凡弔先生者，多傷荆棘間。不知三尺墓，高却九華山。"

路　隋

隋父泌，從渾瑊會盟平凉，被執，死焉。時隋方嬰孺，以恩授官。逮長，日夜號泣，坐必西向，不食肉。母告以貌類父者，遂終身不引鏡。元和中，吐番款塞，隋上五疏請修好，冀得父還。詔可。遣禮部郎中徐復報聘，而父喪至，帝愍惻，贈絳州刺史，官爲治喪。

張　徹

南陽韓思彦過汴州。有孝子張徹者，廬墓三十年，詔表其閭，請思彦爲頌，餽縑二百，不受。固請，爲受一縑。思彦屬家人曰："此孝子縑，不可輕用。"

程袁師

袁師，宋州人。母病，十旬不褫帶，藥不嘗弗進。代弟戍洛州，母終，聞訃，日走二百里，因負土壘墳，形容癯毁。改葬曾祖以來，閱二十年乃畢。每哭，群烏鳴翔。

楊　牢

牢父茂卿，從田氏府，趙軍反，殺田氏，茂卿死。牢自洛陽走常山二千里，號伏叛壘，秃髮羸骸，有可憐狀，讐意感解，以尸還之。單縗冬月，往來太行山間，凍膚皸瘃，銜哀雨血，路人爲之泣。

牛　徽

徽，鶉觚人。父蔚，避地於梁，道病，徽與子扶籃輿，行路逢盜，擊其首，血流面，持輿不息。盜迫之，徽拜曰："人皆有父，今親老而疾，幸無驚駭。"盜感，乃止。及前途，又逢盜，盜輒相語曰："此孝子也。"共舉輿舍之家，進帛裹創，以饘飲奉蔚，留信宿去。抵梁，徽趨蜀謁行在，丐歸侍親疾。會拜諫議大夫，固辭，見宰相杜讓能曰："上遷幸當從，親有疾當侍，而徽兄在朝廷，身乞還營醫藥。"時兄循已位給事中，許之。

狄仁傑

仁傑字懷英，太原人。舉明經，授并州法曹參軍。親在河陽，仁傑登太行山，返顧，見白雲孤飛，謂左右曰："吾親舍其下。"瞻望久之，雲移乃去。時武后黜中宗居房州，仁傑每以母子天性之言力諫，后因感悟。同府參軍鄭崇質母老病篤，當使絶域。仁傑詣長史藺仁基請代，曰："不忍貽其親以萬里之憂。"仁基嘆曰："狄公之賢，北斗以南，一人而已。"

安金藏

金藏母喪，葬南闕口，營石墳，晝夜不息。地本卬燥，泉忽濆湧流廬之側，桃李冬華，犬鹿相馴。武后時，或誣睿宗反者，金藏大呼曰："請剖心以明皇嗣不反。"引刃劃腹，腸出而仆。武后自臨視之，嘆曰："我有子不能自明，忍令爾至此。"因賜良藥，得不死。

李日知

日知，滎陽人。爲給事中。母老病，調侍數日，鬚髮輒白。母未及封而卒。方葬，吏乃齎贈制至，日知殞絶於道，左右爲泣，莫能視。巡察使欲表其孝，求狀，辭不報。

沈季詮

季詮少孤，事母孝，未嘗與人争，皆以爲怯，季詮曰："吾怯乎？爲人子者可遺憂於親乎哉！"貞觀中，侍母渡江，遇暴風，母溺死，季詮號呼投江中，少頃，持母臂浮出水上。都督謝叔方具禮祭而葬之。

徐元慶

元慶，下邽人。天后時，父爲縣尉趙師韞所殺，元慶變姓名於驛家傭力。久之，師韞舍亭下，乃手刃之，自囚詣官。議者欲捨其罪，左拾遺陳子昂建議誅之，而旌其閭。

朱仁軌

仁軌字德容，永城人。隱居養親，誨子弟曰："終身遜路，不枉百步；終身遜畔，不失一段。"謚"孝友先生"。

柳公綽

公綽字孝寬，華原人。居喪毁慕，三年不澡沐。事後母薛甚謹，雖姻屬不知非薛所生。

賈直言

直言，河朔人。父道冲，坐事賜鴆，將死，直言紿其父曰："當謝四方神祇。"使者少怠，輒取鴆代飲，迷而踣。明日，毒潰足而出，久乃蘇。上憐之，減父死，俱流嶺南。直言由是躄。

元　讓

讓擢明經，以母病不肯調，侍膳不出閭數十年。母終，廬墓次，廢櫛沐，飯菜飲水。咸亨中，太子監國，下令表闕於門。永淳初，擢太子右內率府長史。歲滿，還鄉里。中宗在東宫，召拜司議郎，入謁，武后望謂曰："卿孝於家，必能忠於國，宜以治道輔吾子。"

劉敦儒

敦儒家東都。母病狂，非笞掠人不能安，左右皆亡去。敦儒侍疾，體常流血，母乃能下食，敦儒怡然不爲痛隱。詔標闕於閭。時謂"劉孝子"。

許伯會

伯會舉孝廉。上元中，爲衡陽博士。母喪，培土成塋，不御絮帛，不嘗滋味。野火將逮塋樹，悲號於天，俄而雨，火滅。歲旱，泉湧廬前，靈芝生。

王希夷

希夷家貧。父母喪，毀瘠幾死，爲人牧羊，取傭以葬。

宋思禮

思禮字過庭，補蕭縣主簿。會大旱，井池涸，繼母羸疾，非泉水不適口。思禮憂懼且禱，忽有泉出諸庭，味甘寒，日不乏汲，母疾亦旋愈。柳冕爲刻石頌之。

陳饒奴

饒奴十二歲親併亡，窶弱居喪，又歲饑，或勸其分弟妹可全性命。饒奴流涕，身丐訴相全養。刺史李復給資儲，署其門曰“孝友童子”。

賈　循

循，京兆華原人。親亡，負土成塚，手蒔松栢，廬墓終身，時號“關中曾子”。里人私謚曰“廣孝徵君”。

獨孤及

及字至之，洛陽人。性至孝，兒時讀《孝經》，父試之曰：“兒志何語？”對曰：“立身行道，揚名於後世。”天寶末及第，補華陰尉。代宗召爲左拾遺。

張九齡

九齡字子壽，韶州曲江人。居父喪，哀毀，庭中木連理。舉進士。[遷]中書侍郎，以母喪解，毀不勝哀，有紫芝産廬側，白鳩巢於塚樹。

沈景筠

景筠，烏城人。母素懼雷，及卒，葬城西，每雷鳴，則奔至墓所號哭曰："某在此。"賀知章爲撰《孝德傳》。

褚無量

無量字弘度，鹽官人。母喪，廬墓，有鹿犯其所植松栢，無量號訴曰："山林不乏，忍犯吾塋樹耶？"自是群鹿馴服，不復振觸。

元德秀

德秀，河南人。少孤。開元間舉進士，不忍去親左右，自負母入京。既擢第，母亡，廬墓蔬食，刺血寫經。後任魯山令。天下高其行，稱曰"元魯山"。房琯嘆曰："見紫芝眉宇，使人名利之心都盡。"紫芝，其字也。及卒，家惟杖屨簞瓢而已。學者謚曰"文行先生"。

潘　晃

晃，廣德人。事親至孝，嘗以役事至京，一夕夢祠山神告曰："汝父病篤。"晃驚惶不已，日夜奔走以歸。中途復夢神曰："汝父疾愈。"歸問故，果如夢中言。後居喪，廬墓，芝草累生。玄宗詔表其門，授廣德令。

許法慎

法慎，滄州青池人。甫三歲，母病，不飲乳，慘慘有憂色。或以珍餌詭悦之，輒不食，還以進母。後親喪，廬於塋，有甘露、嘉禾之瑞。

韓思復

思復，長安人。兒時，母爲語父亡狀，輒嗚咽幾絶。遂奮志力學，舉茂才高第，累遷襄州刺史，襲祖封長山縣男。親喪去官，鬻薪自給。及卒，上手題其碑曰：“有唐忠孝韓長山之墓。”

楊　炎

炎，天興人。祖哲，以孝行稱。父播，舉進士，拜諫議大夫，棄官歸養。炎居父喪，號慕不廢聲，墓所有紫芝、白鵲之異。詔表其閭。三世以孝聞，門樹六闕。

孫　既

既，樂安人。母喪，廬墓，髮氊面垢，尫瘠骨立。俄有醴泉湧於封樹側，里人名之曰“孝源泉”。貞元中，碑刻尚存。

茹　榮

榮，簡州人。幼失父，事母極孝。及冠，爲吏邑。宰賜瓜，榮以遺母，數刻即來，宰怪而問之，榮具道其故。宰疑其妄，遣詢其母，果然。遂令歸事，母得以終養。後土人立祠祀之。

沈如琢

如琢，崇慶人。少有至行。母患消渴，非時思桑椹，求之不獲。宅東桑忽生椹，採以奉母，疾愈。

張無擇

無擇字君選，句章人。父没，絶漿七日，三年不櫛，廬墓，有醴泉、芝草之瑞。官至中散大夫。

董邵南

邵南，安豐人。隱居不仕，性篤孝。韓文公作《董生行》曰：“嗟哉董生朝出耕，夜歸讀，盡日不得息。或山而樵，或水而漁。入厨具甘旨，上堂問起居。父母不戚戚，妻子不咨咨。嗟哉董生孝且慈，人不識，惟有天翁知。生祥下瑞無休期，家有乳狗出求食。鷄來哺其兒，啄啄庭中拾虫蟻，哺之不食鳴聲悲，徬徨躑躅久不去，以翼來覆待狗歸。嗟哉董生誰與儔？時之人，夫妻相虐，兄弟爲讐。食君之禄，而令父母愁。亦獨何心？嗟哉董生誰與儔？”

梁文貞

文貞，虢州人。少從軍守邊，逮還，親已亡。自傷不得養，即穿壙爲門，晨夕灑掃，廬墓左，喑默三十年，家人有所問，畫文以對。刺史表其純孝，詔付史官。

崔　沔

沔，京兆人。擢進士高第，累遷起居舍人。母失明，求醫不愈，躬親奉養，不脱冠帶者三十年，温清適時，每美景良辰，必扶持遊宴，笑談説於前，母不知其有所苦也。子祐甫，爲賢相。

李　興

興，安豐人。父死，廬上産紫白芝二本，醴泉湧出。柳宗元爲作《孝門銘》云："謹按興匹庶賤陋，循習淺下，性非文學所導，生與耒耨爲業，而能踵彼醇孝，超出古烈。"

張常洧

常洧字巨川，句容人。父爲建州司户，卒，常洧泣血盡哀，廬墓三載，墓門生瑞芝十二莖，守土者表旌之。

任敬臣

敬臣字希古，濟南人。五歲喪母，哀戚有過成人。七歲時，問其父曰："若何可報母？"父曰："揚名顯親可也。"乃刻志讀書。舉孝廉，授著作局正字。父亡，數殞絶，繼母曰："汝不勝喪，可謂孝乎？"始强食饘粥。服除，遷秘書郎。休沐輒闔門讀書。後官至弘文舘學士。

陳太竭

太竭，浦江人。二親并亡，即墓手藝松栢，終身衰麻，哀哭弗輟。每奠果餚，烏鳥不啄。

張士巖

士巖，汴州人。父病，藥須鯉魚，冬月冰合，有獺啣魚至前，得以供父，父遂愈。母病癰，士巖吮血。父亡，廬墓，有虎狼依之。

焦懷肅

懷肅，益州人。母病，每嘗其唾，若異味，輒悲號幾絶。母終，水漿不入口五日，負土成塚，廬守，日一食。繼母没，亦如之。

張志寬

志寬，安邑人。居父喪而毁，州里稱之。王君廓兵略地，不暴其閭，倚全者百許姓。後爲里正，忽詣縣稱母疾求急歸，令問狀，對曰："母有疾，志寬輒病，是以知之。"令謂其妄，繫於獄，馳驗如言，乃慰遣之。母終，負土成墳，手蒔松栢。上遣使就弔，拜員外散騎常侍，表其門。

武弘度

弘度父卒，自徐州被髪徒跣趨喪所，培土築塋，晨夕號泣，日一溢米。素芝産於廬前，狸擾其旁。詔下褒美，旌其閭。

王博武

博武，長社人。會昌中，侍母至廣州，涉沙湧口，暴風，[母]溺死，博武號泣，自投於水。節度使盧貞俾吏獲二尸，葬之，刻石表其墓。

林　攢

攢字會道，莆田人。爲福唐尉。母病，攢聞信，棄職還。及母亡，自埏甓作塚，廬其右，時有白烏來，甘露降。觀察使遣吏屬驗，會露晞，里人失色，攢曰："天所降露，禍我耶？"俄頃露復集，鳥亦回翔。詔作二闕於墓道。

張 直

直，濮州人。父楚平，壽張令，調長安，值黄巢亂，不知所終。直幼避地河朔，既冠，以父失所在，不遑寢處。時盜賊蜂起，道路梗塞，自秦抵蜀，徒行丐食以覓父，積十年不獲。乃發喪，衰服終身。

劉師真

師真字文通，彭城人。早失母，及長，不記容狀。至忌辰，終日涕泣，未嘗寢食。忽夢見其狀，謂之曰："我，汝母也。汝孝通神明，故我得見夢於汝。"師真夢中大哭，及覺，號慟愈甚，乃作偶人像以事之，朝夕起居反告如常，每新物必先薦而後食。時人語曰："孝通神明，漢有丁蘭，唐有師真。"父老年患目，凡飲食非師真親調，則不能食。師真偶疾，其父食不安，師真欻然曰："飲食不精之所致耶？"驚起而愈。

徐仲源

仲源，望江人。喪親，廬墓，禽採花而插墳，獸啣土而壘隴。詔改其鄉曰"孝感里"。

梁 悦

悦，富平人。爲父報仇殺人，自詣縣請罪。敕："復仇殺人，固有彝典。以其申冤請罪，視死如歸，自詣公門，發於天性，志在殉節，本無求生，寧失不經，特從減死，決杖配流。”

後五代

林　安

安，福清人。事親以純謹稱。居喪，廬墓，墓旁有石自裂而湧泉。閩王異之，顏其廬曰“湧泉”。六世孫正華，當宋時亦以孝聞，故世稱“湧泉大小孝子”云。

李　瓊

瓊字子玉，以鬻繒爲業。娶妻有子，而移居母之室，夜嘗十餘起。母每諭之曰：“汝年來筋力頗憊，盍求婢以給侍我，免汝勞苦。”瓊曰：“凡母之所欲，不親經手，意如有失。”其母遂不之强。以是家人無敢怠惰。母喜食時新，瓊百方求市，得必十倍酬其直。張用聞其至孝，與之卜鄰而居。

秦　族

族，上郡洛川人。事親竭力。父喪，哀毀不支，酸感行路。以母在，恒抑割哀情，以慰母心。四時珍羞，未嘗匱乏。母没，哭泣無時，惟寢苫食粥而已。終喪之後，不入房室者二十餘年。

王　殷

殷，大名人。少失怙，事母以孝聞，欲與人遊，必先白母，母所不可者，未嘗敢往。及爲刺史，政事有小過，母責之，殷即取杖授婢僕，自笞於母前。

王仁鎬

仁鎬周世宗時拜安國軍節度，制曰："眷惟襄國，實卿故鄉。"仁鎬省其父祖之墓，周視松檟，涕泗嗚咽，謂所親曰："仲由以爲不如負米之樂，信矣。"時人美之。

盧　操

操字安節，河東人。九歲通《孝經》《論語》，隨義解釋。居喪，哀毁骨立。以明經擢第，調臨涣縣尉。官舍設几筵以事父母，出告反面。每晨具冠帶，讀《孝經》一遍，然後視事。讀至《喪親章》，不勝悲咽。

張藏英

藏英，范陽人。後唐末，舉族爲賊孫居道所害。藏英年十七，僅以身免。後襲殺之，以祭父母。時稱爲"報仇張孝子"。

易延慶

延慶字餘慶，上高人。仕周世宗，以大理丞出知臨清縣事。父喪，摧毁泣血，旦出守墓，夕歸侍母。墓所産紫玉芝十八莖。郡守將表其事，延慶懇辭。母没，復廬墓。母平生嗜栗，植二栗樹於墓側，二樹連理。人稱“純孝先生”。

顔　衎

衎，顔子後，梁進士，官河陽節度副使。得家問，父在青州有風痺疾，衎不奏棄官去侍疾。歲餘，父疾不能起，衎親自掬矢，未嘗少倦。後丁父憂，哀毁疾甚。俄召爲駕部郎中、鹽鐵判官，以母老懇辭。開運末，召拜御史中丞。復抗表求侍養，改户部侍郎。又堅乞罷免，詔書褒許，即與其母東歸。

郭　琮

琮，台州黄喦人。少喪父，常有罔極之嘆，事母張氏極恭順。娶妻有子，移居母室。每母之所欲，必親奉之，或經家人手，則憂形於色，慮失母之意。居常不過中食，絶飲酒茹葷者三十年，以祈母壽。母年百有四歲，耳目不衰，無疾而逝。

宋

神　宗

神宗入事兩宫，必侍立終日，雖寒暑不變。及即位，尊慈聖光獻曹皇后爲太皇太后，宫曰“慶壽”。承迎娱悦，無所不盡，從行登翫，每先後策掖。太后亦慈愛天至，或退朝稍晚，必自至屏扆間，親持膳飲食帝。元豐二年終，疾甚，帝視疾寢門，衣不解帶旬日。及崩，帝哀慕毁瘠，殆不勝喪。

孝　宗

孝宗諱昚，太祖六世孫，秀王之子也。高宗無子，立爲皇太子，遂遜位，自稱太上皇，退居德壽宫。帝仁孝根於天性，事上皇二十六年，孝養備至。升遐之日，哀慕尤切，致喪三年。群臣屢請易服，而睿斷不疑，乃曰："自我作古，何害？"

劉子翬

子翬字彦冲。父韐，死靖康之難。子翬痛憤，幾無以爲生，執喪三年，致羸疾。事母敬兄，妻死不再娶。服除，授通判興化軍，以不堪吏事，辭歸武夷山不出者十七年。每於墓下瞻望徘徊，涕泗嗚咽，累日而還。

查　道

道字湛然，休寧人。母疾綿惙，道調藥煎劑，經旬不寐。方冬苦寒，母思鱖魚，市之不得，乃詣黄河，禱而釣焉。因獲魚携歸，爲羹饋母，疾尋愈。聞者争往釣之，終無所獲。親喪，口絶甘美，雖深冬積雪，常布素徒跣，杖而後起，終制絶意名宦。

章　瑢

瑢，丹徒人。親喪，哀慟泣血，墓上枯竹復生。子孫相繼以經學顯用。

二　吴

可幾，吉安人，與弟知幾并有至性，好古博學，著《千姓編》，時稱“二吴”。親没，兄弟廬墓，忽平地泉湧，號“孝子泉”。

成　象

象，渠州流江人。訓授里中。淳化間，李順盗據郡縣，象父母驚悸而死，象號泣營葬，以衰服襟袂篩土三斗於墓上。每慟，聞者感愴。墓旁一禾九穗。遠近目爲“成孝子”。

黄覺經

覺經，豐城人。五歲，遭亂失母。稍長，禱天求母所在。乃跋涉江淮，備歷艱苦，凡三十八年，至汝州梁縣，得之。

趙　抃

抃字閲道，衢州西安人。母卒，廬墓三年，處士孫侔爲作《孝子傳》。官參知政事。嘗夢其父曰：“‘孝子不匱，永錫爾類。’天必相汝。”子屼執親喪，而甘露降木。屼卒，子雲又以哀毁死，人稱世孝云。

李　諮

諮字仲詢，新喻人。父出其母，諮日夜號泣，飲食不入口，父憐之而還其母。舉進士，真宗顧左右曰：“是能安其親者。”擢第三人。

蘇　頌

頌字子容，宣州南安人。知婺州，方泝桐廬，江水暴迅，舟幾覆溺。頌以母在舟中，哀號赴水挽舟，舟忽自正。甫及岸，奉母先登，舟乃覆。

陳思道

思道，江陰人。鬻醯爲生。喪父，事母兄以孝弟聞。母病，衣不解帶者數月，雙目瘡爛。母喪，水漿不入口七日。既葬，乃哀鬻醯之利奉其兄。結廬墓側，日夜悲慟，其妻時携兒女詣之，拒不與見。

李　玭

玭，大名宗城人。力耕事親，親卒，讓田於弟，廬墓號泣。以二代諸父母槀葬未盡禮築之，凡三載成六墳，皆丈餘。不衣帛食肉，年六十餘，未嘗入縣門。詔賜粟帛。里中有母在而析産者聞玭被旌，慙懼，復同居。

丁天錫

天錫，赤岸人。少孤，奉母至謹，怡悦承志。一日，寇入其家，拘母索所有。母曰："讀書家貧，無所藏。"寇欲殺之，天錫衛母身曰："無傷我母，寧殺我身。"寇亦感化曰："殺孝子不祥。"母子俱免。

祁　暐

暐字坦之，膠水人。舉進士。天禧中，出知濰州。母喪，解官，就墳側搆小室，號泣守護，蔬食水飲，身經六冬，足墮二指。有白兔馴繞之異。

趙君錫

君錫字仁孫，洛陽人。母亡，事父良規不違左右，夜則寢於傍。凡衾裯厚薄、衣服寒温、藥石精粗、飲食甘否、櫛髮剪爪、整冠結帶，爲《内則》所載者，無不親之。登進士第，以親故不願仕。良規每出，必扶掖上下，雜立僕御中。常從謁文彦博，異其容止，問而知之，歸語諸子，令視以爲法。

范仲淹

仲淹字希文，吴縣人。二歲而孤，母更適長山朱氏，從其姓，名説。既長，知其世家，乃感泣，去之應天府，依戚同文學。晝夜不息，冬月憊甚，以水沃面；食不給，以糜粥繼之。舉進士，爲廣德軍司理參軍。嘗告諸子曰："吾貧時與汝母養吾親，汝母躬執爨，而吾親甘旨未嘗充也。今得厚禄，欲以養親，親不在矣。"仲淹性純孝，以母在時方貧，其後雖貴，非賓客不重肉，於是恩例俸賜均與族人，并置義田宅。

楊存中

存中字正甫。祖父及母皆死難，存中既顯，請於朝，賜謚立廟；又以家廟祭器爲請，遂許祭五世。祖母劉流落蜀隴，因日夜禱祀，訪問間關千里，卒迎以歸。

馮　元

元字道宗，南海人。執親喪，自括髮至祥練，皆按禮變服，不爲世俗齋薦。遇祭日，與門生對坐，誦《孝經》而已。

寇　準

準字平仲，下邽人。少時不修小節，愛鷹。太夫人性嚴，舉秤槌投之，中足流血，由是折節從學。母亡，每捫其舊痕，輒流涕。及爲使相，賞賜金帛，還第，見乳母泣，詢之，對曰："公之幼也，不幸太夫人死，求一縑作衾襚不可得，豈知今日富貴哉！"公聞言慟哭，終身不蓄財産。

孫明復

范仲淹在睢陽掌教，有孫秀才者索游上謁，贈錢一千。明年復謁，又贈如前。因問："何爲汲汲道路？"曰："母老無以養，亦百里負米意耳。若日得百錢，則甘旨可足。"仲淹曰："吾今補子爲學職，月得錢三千以供養，不亦可乎？"於是授以《春秋》。明年，俱解去。後十年，聞泰山有孫明復先生以《春秋》教授，道德高邁，朝廷召至太學，即昔日索游孫秀才也。仲淹嘆曰："貧累大矣，倘因循索米至老，雖人才如明復者，將猶汩没而不見也。"

黄庭堅

庭堅字魯直，分寧人。元祐中爲太史。事親先意承志，無幾微憾。身雖貴顯，每夕必爲親滌溺器。母病經年，視藥省膳不解衣帶。及亡，廬墓下，哀毁得疾，幾殆。

梁　紹

紹，壽州人。廣東提幹，母病，掛冠歸。母没，廬墓，手植松栢，號“碧林亭”，甘露降，芝草生。東坡在海外聞其孝節，往見之，易其亭曰“甘露”，松曰“瑞芝”。

歐陽觀　修

觀字仲賓，廬陵人。少孤，力學舉進士第。歲時祭祀，必涕泣曰：“祭而豐，不如養之薄也。”子修，字永叔，四歲亦孤，母鄭太夫人教育之。舉進士，爲南京留守。太夫人疾終宦舍，歸葬，值陰雨彌月，修懼愆期，乃禱於沙山之神，翌日，天忽開霽，始克舉事。後撰《瀧岡阡表》，勒諸石，遣吏齎之，并檄郡守董其事。渡江，風濤大作，有龍蜿蜒夾舟，幾覆，篙師呼曰：“客有懷寶者乎？請投之以禳此厄。”客曰：“無之，惟碑在焉。”因共擠之江，龍乃冉冉去。吏持檄以告郡守，守令吏登墓，則碑已植於墓側矣。守墓者曰：“昨之夜震雷發土，碑於是出焉。”見表文獨以硃圈“祭而豐，不如養之薄”，砂迹炳然。

沈　起

起字興宗，鄞人。因父疾棄官歸，坐劾。仁宗謂輔臣曰：“觀過知仁。今以赴父疾而致罪，何以厚風俗而勸爲人子者？”乃特遷之。

羅孟郊

孟郊，興寧人。兒時喪父，奉母怡悦承志。牧牛長坡，莊坐讀書，有山人過而奇之，與語，告以父喪貧未葬，山人指示地，遂從葬焉。天聖中，舉進士第三人，官翰林學士。乞歸養，茆蓽蕭然。隆冬，母思鱠，郊鑿池冰，池魚躍出，鄉人目其池爲“曾子湖”。卒，衆立祠祀之。

曹 雉

雉，休寧人。登景祐進士。以純孝稱，父汝弼贈殿中丞，燎黄之夕，芝生先塋。郡上其事，詔以所居爲“孝芝里”。

蔣 舉

舉字時舉，清湘人。遊太學，一日，告其友黄無悔曰：“學者，所以學爲忠與孝也。忠既未立，孝先可忘，我其歸矣。”無悔感其言，歌以送之曰：“秋風起兮白雲飛，南國遠兮心欲歸。歸心切兮親庭闈，復相見兮在何時。”

徐 偉

偉，臨湘人。母没，毁瘠，嘔血數升。舉孝廉，不就，去之陸渾山中，教授生徒，依之以居者三百餘家。歲荒，貧不舉子者，偉資給之。人感其義，所舉子皆以徐爲名。偉八子皆知名，時號“徐氏八龍”。

祝 確

確字永叔，歙縣人。少時父母將爲議婚，逃避累日，家人問其故，曰：“審爾恐疏父母膝下也。”親喪，日上食如禮，夜不離柩寢。一兄一弟先後死熙河，不憚萬里，徒步以歸其喪。

陳　繹

繹奉親竭誠，凡親之所欲，無遠邇必致之。作慶老堂以娱其親，王介甫贈詩云："種竹嘗疑出冬笋，開池固合湧寒泉。"

徐　積

積字仲車，山陽人。三歲喪父，旦旦求之甚哀。事母，晨夕必衣冠定省。母使讀《孝經》，輒淚落不能止。應舉入都，不忍捨其親，徒載而西。比登第，同年共致百金爲壽，却之。廷臣薦其孝廉，神宗詔賜粟帛，爲楚州教授。以父名石，終身不用石器，行遇石，則避而不踐。或問之，積曰："吾遇之，則怵然傷吾心、思吾親，故不忍加足其上耳。"母亡，卧苫枕塊，衰絰不去體，雪夜伏墓側，哭慟不絶聲。學士吕溱過其廬，適聞之，爲泣下曰："使鬼神有知，亦垂涕也。"卒謚"節孝先生"。

朱壽昌

壽昌字康叔，揚州人。七歲時父守雍，生母劉氏爲嫡母所妒，出嫁民間。及長，行四方求之不得。既仕，飲食罕御酒肉，言輒流涕。母子不相見者五十年。熙寧初，棄官入秦，與家人訣，誓不見母，不復還。行次同州得焉，劉時年七十餘矣。事聞於朝，詔還就官。數歲母卒，涕泣幾喪明。

侯　義

義，應天府楚丘人。家貧無産，傭田以事母。里人有葬其親而遽返者，義母過其塚，泣謂義曰："我死，其若是乎！"義乃感激自誓而不欲言，但慰其母曰："勿悲，義必不爾。"母卒，力自辦葬，晝則負土築墳，夜則泣卧柩側。妻子困匱不給，田主資以餱糧。

詹惠明

惠明，婺源人。熙寧間，父坐事當死，惠明詣郡門曰："身願代罪，以報罔極恩，家有二弟，足以養母。"以大艾灼頂。明日，趨庭斷右耳，血出淋漓。郡守憐之，以狀聞，詔減其父罪。

郭用孚

用孚字仲先，建安［人］。熙寧間，遷閩縣令。嘗遊蘇軾之門，聲譽藉甚。親喪，哀毁篤至。既葬，廬墓三年。郡守欲以八行薦，力辭。

穆　修

修字伯長，汶陽人。舉進士。母亡，自負櫬以葬，日誦《孝經》，喪祀不用浮屠爲佛事。

王　庠

庠，榮州人。父夢易，攝興州，爲部刺史所中，鐫三秩，罷歸卒。母向氏，欽聖憲肅后之姑也。庠居父喪，哀憤深切，謂弟序曰："父以直道見擠，母撫棺誓言，期我兄弟成立贈復父官，乃許歸葬，相與勉之。思制科先君之遺意也，吾有志焉。"遂閉户，窮經史百家傳注之學。未幾，當紹聖諸臣用事，罷制科，庠嘆曰："命也，無愧先訓，以之行已足矣。"崇寧中，應能書，爲首選。上書論時政，卜第徑歸，奉親養志，不應舉者八年。大觀中，州復以庠應詔。庠曰："昔以母年五十二求侍養，不復願仕，今母年六十，乃奉詔，豈本心乎？”後以弟序升朝，贈父官，始克葬，葬而母卒。終喪復舉八行，太學考定爲天下第一，詔表其門。

許　俞

俞，宣城人。少失母，事父供給甘旨，必盡珍異，當隨計偕，安輿扶侍，税舍輦轂，與妻子共食粗糲。父年垂八十，謂俞曰：“覩汝登科之後，没於地足矣！”祥符中，果登第，授溇陽從事。扶侍歸海臨別業，即路有日，父疾沉篤。俞晝夜不怠，以至澣濯必親。或問故，俞曰：“澣濯於家人之手，慮其厭怠也。”父喪，摧毁幾至滅性。或歷父經由之地，涕泣累日。嘗過琅山别院，馬上忽泣下，僕御問其由，曰：“我父曾寄此也。”

司馬光　康

光字君實，夏縣人。初登第，除奉禮郎，時父池在杭，求僉蘇州判官以便親，許之。丁内外艱，執喪累年，毁瘠如禮。每往夏縣展墓，必過其兄旦，旦年將八十，奉之如嚴父，保之如嬰兒。自少至老，語未嘗妄。子康，字公休。丁母憂，勺水不入口者三日。光薨，治喪皆用《禮經》家法，不爲世俗事。蔬食，寢於地，遂得腹疾。服除，爲著作佐郎兼侍講，竟以腹疾終。

杜　誼

誼字漢臣，黄巖人。父剛嚴，誼獨失愛，惴惴不自容，伺顔色而後進。繼喪父母，號慟晝夜不絶，勺水不入口者累日。卜葬，徒跣負土爲墳，往來十餘里，自渡塘澗，泥水没骭，雖大雨雪未嘗少止。手足皸裂血流，以漆塗之。每覆一畚，必三繞墳號而後去。既葬，遂芟舍墓旁，人往視之，輒遣去。日一飯，不葷。雖虎狼交雜，泰然無所畏。

劉民先

民先，字聖任。五季之亂，避地入閩，遂居崇安。熙寧初，累與計偕，至禮部輒不合，慨然曰："吾親老矣，不可闕甘旨。"於是屏居潭溪，作一枝堂，朝夕奉養惟謹。後以特奏釋褐，乃謂人曰："吾豈貪一命者哉？顧因是可榮親耳。"母年九十，果榮封崇安縣太君。

孔　旼

旼字寧極，隱居汝州，事親盡禮。廬墓三年，卧破棺中，日食米一溢。壁間生紫芝數十本。

汪與成

與成，銅陵人。一家百八十口盡死於建炎之難，獨遺與成。後三年，改葬其父，念母骸骨不存，刻像侍養十年而後附葬，哀動鄰里。邑令林桷以詩贈之，有"事死如生子道難，古來不獨數丁蘭"之句。

鍾　佃

佃字少游，龍南人。元豐舉進士，通判宜州。喪親盡哀，有群鳥數百日集其廬，因名"感鳥堂"。

顧　忻

忻，泰州人。十歲喪父，以母病，茹素祈禱。每鷄初鳴，具冠帶率妻子詣母室，問其所欲，如此者數十年，未嘗離左右。母老，目不能視物，忻日夜號泣於天，母目復明，年九十餘無疾而終。

黄用中

用中之父死於兵，母亦被掠，時用中年幼逃遁。及壯，求母四方，逾十年得於京師，州里咸稱爲“黄孝子”。

夏　俅

俅字載道，休寧人。早孤，奉母曹氏孝養備至。既葬，廬墓。墓生瑞竹，其節自十以下駢而爲一，以上岐而爲二，又生芍藥并蒂者二，鄉人號其堂曰“雙應”。凌待制唐佐爲記其事。

張汝明

汝明字祖舜，廬陵人。元祐間舉進士。徽宗召拜監察御史，即日劾蔡京等。執母喪，水漿不入口三日，病羸，行輒踣。夢父授以服天南星法，用之，驗。

史　聲

聲，沿海人。幼失母，家貧，侍父日以採樵給養，自食粗糲，恒不飽。登元祐進士。迎父就養，至中途病卒。聞訃，不顧家屬，罄身四日夜奔赴喪所，哀慟幾絶。扶柩還家，寢苫枕塊，包土培塋，三年未嘗與人談笑。

吴　淵

淵字道甫，宣州人。五歲喪母，哭踊哀慕如成人。後官浙東提舉。丁父憂，詔起復，力辭，詒書政府曰："人道莫大於事親，事親莫大於送死，苟冒哀求榮，則平生大節已掃地矣，他日何以事君？"時丞相史嵩之方起復，或曰："得毋礙時宰乎？"淵弗顧，詔從之。

仰　忻

忻字天貺，温州人。力學，篤行。年五十餘，執母喪，躬自負土，廬墓側，有慈烏、白竹之瑞。

歐陽守道

守道字公權，吉州人。少孤貧，力學。里人聘爲子弟師，主人瞷其每食舍肉，密歸遺母，爲别設一器馳送，乃肯食，鄰媪兒無不感動嘆息。後擢進士第，遷秘書郎。

黄　琮

琮字子方，莆田人。元符登第，爲長溪尉。遭父艱，邑令以千緡爲賻，辭，徒步扶櫬歸。遷閩縣，旋以母老丐歸。及母喪，甘露降於繐帷三日。郡縣廉訪，琮曰："豈敢以冥寞要人欺君耶！"

李　穆

穆字孟雍，陽武人。母常卧疾，每動止轉側，皆親自扶掖，乃稱母意。後穆坐秦王事屬吏，其子惟簡紿祖母以穆奉詔鞫獄臺中。及責授爲省郎，還家，亦不以白母。每隔日，陽爲入直，即訪親友，或遊僧寺。免歸，暨於牽復，母終弗之知。及居喪，思慕幾至滅性。

張　觀

觀，毘陵人。拜左丞。丁父憂，哀毁過人，既練而卒。初爲秘書郎，其父居業方爲州從事，因上書願以官授父。真宗嘉之，以居業爲京官。及觀貴，居業由恩至太府卿。嘗過洛，嘉其山川風物，曰："吾得老於此足矣。"觀於是買田宅、營林榭，以適其意。早起奉藥、膳，然後出視事，未嘗一日廢也。

彭　乘

乘字利建，業陽人。舉進士。嘗與同年登相國寺閣，皆瞻顧鄉關，有從宦之樂，乘獨西坐，悵然曰："親老矣，安敢舍晨昏之奉，而圖一身之榮乎！"翼日，奏乞侍養。

陳天隱

天隱字君舉，蘭谿人。早孤，竭力事母。母卒將葬，時六月如焚，乃先期祝天陰庇，人皆哂之，已而果應。既窆，雲霧始散，人皆異之。

董少舒

少舒字師仲，蘭谿人。父亡，負土築塋，廬於墓，有靈芝生紫蓋之祥。郡守薦於朝。

金景文

景文字唐佐，蘭谿人。親没，廬墓，夜有五色光燄射於墓上，人皆見之。咸淳間，縣令沈應龍以景文、天隱、少舒名表聞，請立碑建祠，名“三賢堂”。

任盡言

盡言字元受。幼孤，母老多疾病，未嘗離左右。盡言自言：“老母有疾，其得疾之由，或以飲食，或以燥濕，或語話稍多，或憂喜稍過，皆朝暮候之，無毫髮不盡，臟腑間事皆洞見曲折，不待切脉而後知也。”張魏公作都督，屢辟之，力辭曰：“某方養親，若得一神丹可以延年，必以遺老母，不以獻公也，況能捨母而與公軍事耶。”魏公太息而止。

朱　熹

熹字元晦，婺源人。就傅時授以《孝經》一閲，題上曰：“不若是非人也。”紹興中，舉進士。隆興五年，丁内艱。六年，工部侍郎胡銓以詩人薦，以未終喪辭。七年，既免喪，復召，以禄不及養辭。

岳　飛

飛字鵬舉，湯陰人。母姚氏，飛從戎，留妻侍養。高宗渡河，河北淪陷，訪求數年不獲。俄有自母所來者寄聲云：“爲語五郎勉事聖天子，無以老媪爲念也。”飛遣人迎之，往返十有八次，然後歸奉之。母有痼疾，藥餌必親調。後宣撫襄陽。母卒，與子雲跣足扶櫬歸，不避途潦蒸暑。將佐願代役，謝却之，路人無不流淚。既葬，廬墓。上遣使撫問，降制起復。飛連表哀訴，乞終喪，云：“以孝移忠，事有本末，若内不能盡事親之道，外豈復有愛主之忠？”上悉封還其章，親札慰諭，不起；勅監司守臣請之，又不起；責其官屬以死請之，乃勉起。復屯襄漢三年，不解衰絰。

趙文澤

文澤，麗水人。六歲廬父墓，有田鼠啣花、白鶴營巢之異。大觀初，詔賜粟帛。

黄　槩

槩字平叔，龍溪人。父疾，傾貲求醫。或言不爲子孫計，槩曰：“苟疾得愈，雖子孫飢餓何憾。”父年九十六，母年九十九，臨卒曰：“爲人子若爾，當有以報。”後槩妻將彌月，夢其舅姑曰：“某月某日降生。”果生子彦臣，官朝散大夫，封槩承議郎，賜緋，子孫科第不絶。

葛書思

書思字進叔。第進士，調建德主簿。時父已老，迎養不就。書思曰：“曾子不忍一日去親側，豈以五斗移素志哉？”遂乞歸養十年餘。

居喪，哀毁骨立，盛暑不釋苴蔴，終禫不忍去塚舍。卒謚曰“清孝”。

黄　駜

駜字公碩，南康人。居父喪，芝産於堂前，其葉累百。政和中登第，調崇安尉。

錢堯卿

堯卿，樂清人。年十二喪父，憂戚如成人，見母則抑情忍哀，不欲傷其意。母謂族人曰：“是兒愛我如此，多知孝養矣。”卒能如母之言。及母喪，倚廬三年，席薪枕塊，雖疾病不飲酒食肉。既葬，慈烏百數啣土集隴上。

劉　潜

潜，定陶人。嘗知蓬萊縣，代還，過鄆州，聞母疾亟歸。母死，潜一慟遂終，其妻復撫潜，大號而死。時人傷之，曰：“子死於孝，妻死於義。”

毛　洵

洵，吉州人。舉進士。凡守四官，以親老解任，執藥調膳，嘗而後進，不之寢室。父母相繼而卒。持鍤荷土以爲墳，手胼面黔，親友不能識，廬於墓，朝夕哭踊凡二十一月。諸生請問經義，對之流涕，未嘗言文。抱疾歸，數日卒。

郭　義

義，興化軍人。客錢唐，聞母喪，徒跣奔歸，每一慟輒嘔血。家貧，人有所饋，不受。聚土爲墳，手蒔松栢，而廬於墓旁。

古　譓

譓，曲江人。母病，頤瘡不能言，乃夜虔禱北斗，母忽大呼曰："夢一道士執水盂以柳枝灑。"明日，頤消疾愈。後爲本州安撫，人稱爲"古神孝"。

王　珠

珠字仲淵，吉州龍泉人，素以純孝稱。罹親喪，芝數本産墓側，倒植竹以爲栊，復生枝葉。

林頤壽

頤壽字褒世，晉江人。母楊氏，嘗苦背瘍，潰爛徑數寸，頤壽曰："敗膿在中，寖蝕旁肉，若拭則不堪痛楚。"乃俟其熟睡，潛舐敷藥而愈。

錢　涒

涒字伸伯，海陵人。家貧，而事親甘旨獨豐。親疾，藥必嘗而進。居喪，哀毀骨立，悲動隣里。

張　根

根字知常。父病蠱戒鹽，根爲淡食。母嗜河豚及蟹，母終，根不復食。母方病，每至鷄鳴，則少蘇，後不忍聞鷄聲。

蕭　振

振字德起，平陽人。調婺州兵曹。任滿歸，告其親曰：“家世業農，有田可以奉甘旨，振不願仕。”後拜監察御史。以親老乞補外，上不許。面奏曰：“臣事親之日短，事陛下之日長。”指心自誓：“今日之事父母，乃他日之事陛下也。”

趙　葵

葵字南中，衡山人。知滁州。母卒，求解官，不許。及葬，乞追服終制，又不允。葵上疏曰：“臣時於草土，被命起家，勉從權制，先國家之急而後親喪也。今釋位去官，已追服居廬，乞從彝制。”亦不許。再上疏曰：“臣昔者奉詔討逆，適丁家難，然哀疚之中，命以馳驅之事，移孝爲忠，所不敢辭。是臣嘗先國家之急，而效臣子之義。親恩未報，寢踰一紀，食稻衣錦，俯仰增愧。且臣業已追衰麻之制，伸苫塊之哀，負土成墳，倚廬待盡，喪事有進而無退，固不應數月而除也。”及命提舉洞霄宫，不拜。

葉惟周

惟周，松溪人。少孤，事母竭力。母多病，又自外家遘疫，還其家，死者六七人。惟周在側，頃刻不離，疫不能染，母病旋愈。及母終，哀毁骨立，喪葬一循家禮，鄉人稱之。

林　象

象字商卿。幼孤，隨母鞠於外祖家，以故得盡讀六經百氏之書。紹興初，嘗爲僉樞徐俯禮致，而終不肯受其薦。奉母歸閩，菽水盡歡。母没，衣衾、棺槨、宅兆必盡其誠。終喪，寓迹法華庵傍，所居軒曰“聽雨小園”，曰：“意足徜徉於其間。”孝宗屢召，以疾辭不就。卒年七十，自號萍齋。

楊富老

富老，麗水人。七歲喪父，廬墓，三年不返，感木生連理、烏鵲來巢之異。紹興中，詔賜粟帛，録付國史。

吴復古

復古字子野，揭野人。居父母憂，廬墓。後去其妻子，築庵麻由山中，絶粒不食，間遊四方，然一無所求。待制李師中於世少所屈，獨見復古，稱曰：“白雲在天，引領何及！”東坡、潁濱暨一時名士皆傾下之。

李　植

植，泗州人。靖康初，補迪功郎。湖南向子堙使督犒师银兩數百艘，自淮趨濟，卒以計達。高宗大悦，曰：“得一士如獲拱璧。”時秦檜當國，植丐辭奉親，十九年不仕。母卒，廬墓，有白鷺、朱草之祥。後歷知數州，以寶文閣學士致仕。卒謚“忠襄”。著有《臨淮集》。

高　登

登字参先，漳浦人，爲太學生。紹興初，上疏萬言。秦檜惡其譏己，編管容州。奉母舟行，至封、康間，阻風，方念無以供晨膳，忽有白魚躍入。

趙伯深

伯深父子佪，宣和間爲隸州兵官屬。會兵動燕雲，子佪被檄往塞上。伯深時尚幼，與其母張留居隸州。既而金人渡河，伯深母子相失。子佪亦隔絶，建炎二年，始得南歸。子佪卒，伯深尋訪其母二十餘年。一旦聞在瀘南，乃徒步入蜀，間關累年，方得其母，相持號泣，哀感路人。

楊　芾

芾，吉水人。每日必市酒肉以奉二親，未嘗及妻子。紹興五年大饑，爲親負米百里外，遇盗奪之，不與，盗欲刃之，芾慟曰："吾爲親負米，不食三日矣。幸哀我。"盗義而釋之。

申世寧

世寧，信州鉛山人。紹興間，潘達兵襲鉛山，父年七十，未及出户遇賊，賊意其有藏金，欲殺之。世寧年未弱冠，亟引頭願代父死，賊感而兩全之。

陳少卿

少卿，浙人，素性純孝。母疾，求醫不效，夜半虔禱於天。少頃，金盤有聲，視之，則丹藥四十九粒也。母服之，遂愈。其禱詞曰："減臣之壽以延老母之年，諒帝之心必從人子之請。"

苟與齡

與齡，滁州來安人。事親生養死葬，力竭而禮盡。有芝十九莖生於墓亭。

徐中行

中行字德臣，台州臨海人。父没，廬墓，躬耕養母。崇寧中，州舉八行，不就。客有詰以要名者，中行曰："使吾以八行應科，彼不被舉者非人數歟？吾正欲避此名，非要名也。"

張　愈

愈字少愚，益州郫人。丁内艱，鹽酪不入口再期。植所持柳杖於墓，忽生枝葉，後合抱。

林正華

正華字君輔。少入太學，即棄歸養母。母卒，累日不飲勺水，已而蔬食。卜葬於湧泉山，鑿石營壙，手胼足胝，不少懈。既葬，寢苫枕塊，號慕不已。俄而祥雲滃，甘露降，烏鳥翔集，虎豹遁藏。鄉人白於有司，旌之。

蔡　定

定字元應，山陰人。父坐法被繫，定詣府請代，弗許；請效命於戎行，弗許；請隸王府爲兵，又弗許。定知終不可贖也，仰而呼曰："天乎！父老而刑，兒生何益？定圖死矣，庶有司哀憐而釋父，則雖死無憾矣！"乃爲狀若詣府者結置袂間，叙陳致死之由，冀其父之必免也。遂赴水死。府帥聞之，驚曰"真孝子也"，立命出其父。

杜國寶

國寶，邛州人。乳時其父遊東吴，音信杳然。後四十年，國寶遍江淮，手揭父名出處，間關萬里，至韶州得見父。時父爲州都巡，因迎還鄉。

朱道誠

道誠，全州人。幼喪父，事母極孝。母卒，廬墓側，感冬筍，生瑞竹覆其墓。詔賜絹米。

吕　鏜

鏜，旌德人，事親以孝稱。嘗遊宿亳間，過潘氏，不御酒肉。潘怪，問之，鏜曰："遠遊，親養弗給，而敢自享厚饌乎？"比去，潘贐以金，不受。

張　煇

煇字子充，永嘉城南人。遊太學，多士奉爲楷式。兩以親訃，哀毁不勝，廬於墓者六年。作霜露堂以享，有甘露降於庭。

趙善應

善應字彥遠，餘干人。親病，刺血和藥以進。嘗寒夜遠歸，從者將扣門，遽止之曰："勿驚吾親。"露立達旦，門啓而後入。母喪，嘔血瘠毀，終日俯首柩傍。父終肺疾，每膳不忍以諸肺爲羞。母生歲值卯，謂卯，兔神也，終身不食兔。

劉　滋

滋，餘干人。嘉泰間舉進士，官至參知政事。攝相事八十日，以母老乞致養，上從之。滋自幼以孝著，甘露三降庭梅。

丘　敬

敬，建寧人。幼孤，母爲寇所擄，求之四方不得，乃刻木肖像，晨昏侍奉。一夕，妻饋奠，誤侵母像仆地，敬哭泣躃踊幾絶，欲出其妻。因卜葬文溪之上，服喪三年，人稱其里曰"孝鄉"。

陳　燾

燾，電白人，瞽目十年矣。母死將葬，燾欲扶柩至壙。或止之，燾曰："母生我鞠我，今日入土，忍以疾辭？"蹩躠一二里，雙目頓開。

錢　益

益，東莞人。親喪，及禫，足迹不出寢室。或促赴省試，曰："至試期，則服除矣。”益曰：“忍舍親喪而行乎？”復遲三年赴省試。登淳祐進士第。

吕蒙　琰

蒙，開封人，事親至孝。父卒，葬邑之杜潭，不忍舍去，居墓下久不返。子琰憂懼不已，乃即其母所葬曰龍嵒者，築室其旁，竭力成之，迎養於其中四十年。一日，焚香巍坐而逝。琰理喪事畢，悉以家務屬諸子，自居龍嵒舊廬，戀慕不返，榜其門曰“報慈”，用父詩句也。後以子貴，封迪功郎。

吕宣問

宣問字季通，開封人。六歲失母。既長，將訪所生，以池陽當蜀道，乃求調録事參軍。凡蜀客經過，必託其物色之。臨滿秩，有仙井兵報之曰母尚在。棄官如荆門，果得母。相失四十餘年，母子復如初，時母年七十矣。

陽大明

大明字和甫，南康人。親喪，廬墓，地極深邃，無人烟，惟畜白鷄伺晨。一夕，狸捕鷄入石穴。越夕，雷震石四裂，狸死。

錢　褒

褒，晉江人。母卒，培土築壙，結廬居山，葷腥不入口，形容毁瘠，終制方返。著有《志孝》八篇。

陳乞兒

乞兒年九歲母喪，哀毀，躬負土爲墳，高一丈，廣六十步。人憫其幼，助之，則泣拜而辭。

孝經外傳卷之四

元

三　戴

熇字晉翁，弟熠字召翁，炯字恕翁，婺源人。父没，相與廬墓，朝夕致盥沃，上食如平生。既除喪，率不廢。著有《歷代人臣正邪龜鑑》，世號“三戴”。

廖人俊

人俊，寧都人。元初，父死於寇，母亦被掠，時俊甫十歲，與祖母居。既長，覓得父骨於叢塚間。又遍訪母，聞已没於滄州，欲往負骨，異母弟不許，遂刻像合葬焉。吴徵有文記其實。

王　閏

閏，須城人。父性乖戾，不甘淡泊，閏竭力營奉無闕，甚得歡心。父嘗卧疾，夜然燈，室中火起，燄已蔽户。乃突入，解衣蒙父，抱而出，肌體灼爛，而父無少傷。

樊　淵

淵字浩翁，句容人。幼失父，奉母避兵茅山。兵至，欲殺其母，淵抱母號哭，以身代，賊兩釋之。母亡，發喪，哀感行人。服闋，奉神主事之，起居飲食，十年如平生。臺憲交薦，淵不忍去墳墓，終不起。

揭傒斯

傒斯字曼清，富州人。父來成，宋鄉貢進士。傒斯幼貧，讀書尤刻苦，晝夜不少懈，父子自爲師友。事親菽水粗具而必得其歡心。既有禄入，衣食稍踰於前，輒愀然曰："吾親未嘗享是也。"故平生清儉，至老不渝。

廉希憲

希憲字善甫，布魯海牙子也。世祖時，官中書平章政事。丁母憂，循古喪禮，慟則嘔血，不能起，寢卧草土，廬於墓旁。宰執欲起之，相與詣廬，聞號泣聲，竟不忍言。未幾，有詔奪情起復，希憲不敢違旨，然出則素服從事，入則衰絰。及喪父，亦如之。

王思聰

思聰，安塞人。素力田，農隙（隙）則教諸生，得束脩以養親。母喪，盡哀。父繼娶楊氏，事之如所生。以家多幼稚，侵父食，别築室曰"養老堂"，朝夕定省，久而不怠。父嘗病劇，思聰憂甚，拜祈於天，額膝皆成瘡，得神泉飲之，愈。後復失明，思聰舐之，即能視。

徹徹擔古思氏

徹徹，擔古思氏。幼喪父，事母篤孝。稍長，母没，慟哭頓絶。既葬，居喪有禮，每節序祭祀，哭泣常如祖括時。年四十餘，思慕猶如孩童。每見人父母，則嗚咽流涕。人問故，曰："人皆有父母，我獨無，是以泣耳。"

張紹祖

紹祖，潁州人。奉父避賊山間，賊至，執其父將殺之，紹祖泣曰："吾父耆德善人，不當害，請殺我以代父。且若等非父母所生乎，何爲害人父也！"賊怒，以戈擊之，戈應手挫鋭，因感而相謂曰："此真孝子，不可害。"釋之。

不忽木

不忽木一名時用，字用臣。素貧，躬自爨汲，妻織紝以養母。後因使還，則母已卒，號慟嘔血幾不起。

郝　經

經，金人。河南亂，民匿窖中，亂兵以火熏灼之死，經母許亦死。經以蜜和寒菹，抉母齒飲之，即蘇。時經九歲，時人異之。金亡，徙順天。晝則負薪米爲養，暮則讀書。

烏古孫澤

烏古孫澤，至大元年爲福建廉訪使，以母年踰八十，求歸養長沙。

歲餘，母喪，澤以哀毁卒。

蕭道壽

道壽，興平人。母年八十餘，事養盡禮。每旦，候母起，夫婦親侍盥櫛。日三飯，必侍母先，然後就食。至夕，侍母寢，然後就寢。或母怒，必進杖，伏地受責。謝過，候母色喜乃敢退。

湯　霖

霖字伯雨，新建人。早喪父。母嘗病熱，思得冰。時天甚燠，霖累日號哭池上。忽聞池中戛戛有聲，拭淚視之，乃冰澌也。亟取奉母，疾遂愈。

唐　頌

頌字德雅，番禺人，奉養以孝聞。連遭父母喪，摧毁幾至滅性。逮葬，躬負土壘塚。左爲小廬，覆以苫茨，寢處其中，扶服哭踊，朝夕奉盥進膳，事之如生者六年。有甘露降於樹，馨郁霮䨴，彌月不已。造訪者見白鹿拾草廬次，咸異之。人稱爲“唐大孝”。

廉惠山

惠山海牙，希憲之從子也。幼孤，言及父，輒泣下。獨養母而家日不給，垢衣糲食不以爲耻。母没，哀毁踰禮，負喪渡江而風濤作，舟人以神龍忌屍爲言，乃仰天大呼曰：“吾將祔母於先人，神奈何阨我也。”風遂止。

沈　珵

珵字君玉。母病目，或云："平旦以舌舐之可愈。"珵行之三年，果復明。父患膂疾，不能立，珵扶掖，日不少離。聞李神鍼者，要致之，先以身試，痛甚，恐父不能勝，固請止。是夜，父夢神人語曰："汝子孝，吾爲鍼之。"鍼下，驚醒汗浹，疾遂愈。

胡景清

景清，龍谿人。元兵下漳南，時年五歲，倉卒失母。稍長，每念及，涕淚潸然，辭父尋焉。忽於燕市知母處，踰年始得之，母子不相見者四十餘年。事聞，詔旌表之，仍給驛以歸。

宗　杞

杞，大都人。年十九，父卒，號泣，絶而復甦，水漿不入口者三日，過哀成疾。自度不起，囑其妻楊氏曰："汝善守志，事吾母。"遂卒。

訾汝道

汝道，濟河人。少孤。母高氏嘗寢疾，晝夜不去側。一日，母屏人授以金珠若干曰："汝素孝，可善藏之。"汝道泣拜曰："父母起艱難，不肖恨無以報恩，尚敢受此乎！"竟悉讓於弟。母卒，哀毀踰禮，不御酒肉，蔬食終制。

余　丙

丙，遂安人。幼喪母，泣血成疾。父亡，不忍葬，結廬古山下，殯其中，日閉户守視。有牧童遺火，延殯廬，丙與子亟撲不止，欲投身火中，同柩俱焚。俄而暴雨，火滅。

王士弘

士弘，延安人。父疾篤，乃傾家貲求醫，見醫即拜，遍禱諸神，叩額成瘡。父没，哀毁盡禮，廬墓三年，足未嘗至室。墓上奇雀來巢，飛烏翔集，與士弘親近而相狎。終喪，而建祠於塋前，朔望必往奠祭，雖風雨不廢也。

鮑壽孫

壽孫，歙人。至元中，盜起，與父皆被獲，父子争相代死，盜仍兩持之。忽林間大風起，群賊疑兵至，駭散，父子俱得免。

祖浩然

浩然字養吾，浦城人。至元間，黄華盜起，掠其母以去。浩然纔六歲，不相聞者二十八年，日夜思慕。福建帥府檄爲書院長，將之任，忽有告以母在河南而不能名其地，遂惻然棄職，辭父往尋之。間關數千里，得見於唐州，奉以來歸。

陳彦廉

彦廉，餘干人。父商於閩，溺死海中。彦廉有才名，交遊多一時名流，最與黄子久友善。居硤石東山，終身不至海上。一日，子久必欲拉同海上觀濤，不得已隨至城郭，乃泣謂子久曰："陽侯，吾父仇也，恨不能如精衛以木石塞之，何忍相見。"子久亦爲之動容，不看而返，因爲作《仇海賦》。

吴國保

國保，雷州人。父喪，廬墓，哀毁。大德間，境内蝗害，國保田無損。

邵敬祖

敬祖，宛丘人。父母相繼没，河決，不克葬，殯於城西。乃露依其側，風雨不去，友人哀之，爲葺草舍庇之。前後居廬六年，兩髀成濕疾。

胡光遠

光遠，太平路人。母喪，哀思不輟。一夕，夢母欲食魚。晨起，無從購祭，行泣至墓，早有生魚五尾列墓前，俱有嚙痕。土人轟傳聚觀，有獺出草中，浮水去，始知是獺所獻。

陸思孝

思孝，山陰樵者。母老病劇，醫禱久，不效。思孝欲割股爲糜以進，忽夢寐中若有神人授以藥劑，思孝得而異之，即以奉母，母疾遂瘳。

劉　通

通家貧業農。母卜氏，好聲樂，每炫技者以簫鼓至門，必令娛侍，或自歌舞，以悦母心。卜氏目失明，通誓断酒肉，禱之三十年不懈，卜氏年八十五，忽復明。

尹　莘

莘，洧川人。遊學京師，忽夢母疾，心怪之。馳歸，母已亡。居廬蔬食，毁頓骨立，每鷄鳴而起，手治祭饌，詣墓所哭奠之，風雪不廢。父嘗病疫，莘侍奉湯藥，衣不解帶，嘗其糞以驗差劇，夜則禱於天曰："莘母亡不能見，父病不能治，爲人子若此，何以自立於世，願死以代父。"數日，父愈。

孫　抑

抑遭關中之變，挈父母妻子避兵平陽之栢村。有亂兵至，拔刃嚇抑母，求財不得，欲斫之。亟以身蔽，請代受斫，母乃得釋，而抑父被掠去。或語之曰："汝父被驅而東矣，然東軍所得掠民皆殺之，汝慎無往就死也。"抑曰："吾可畏死而棄其父乎？"遂往，出入死地，屢瀕危殆，卒得父以歸。

葉　雋

雋字良弼，松溪人。祖母年高，足疾不能動履，雋舁而起卧者五年。至正間，父死於賊，傾家貲募壯士，從間道入賊境，殺其渠魁，載父屍以還。事聞，授南豐州同知，力辭不拜。廬於墓次，自號湛盧樵者。

高必達

必達，建昌人。五歲時，父明大忽棄家遠遊，莫知所適。既長，晝夜思慕，乃娶妻以養母，遍訪四方，歷十餘年始得見於黄縣全真道院中，號虚明子，學道三十年矣。叩頭乞歸，孝養篤至，鄉人稱之。

李奉先

奉先，葉縣人。父卒，既葬，泣曰："憶兒時父嘗戒家人曰：'兒幼，弗令入林野，慮有驚怖。'今親没，一旦棄於此，吾心惻然安所忍乎？"乃結廬於墓次，植樹數百株，時呼爲"孝子林"。

王　薦

薦，福寧人。父疾，醫不效，禱天減筭益父壽，果得延一紀。母嘗病渴思瓜，時冬月，薦至深嶺，值大雪，仰天而哭。忽見嵒石間青蔓離披，有二瓜焉，摘歸奉母，渴頓止。

賴禄孫

禄孫，汀州寧化人。延祐間，贛寇作亂，乃負母挈妻入山。寇至，將刃其母，禄孫以身翼蔽曰："寧殺我，毋傷我母。"時母病渴，覓水不得，禄孫含唾呴之。寇相顧駭嘆，不忍害，反取水與之。有欲掠其妻去者，衆寇責之曰："奈何辱孝子婦！"使歸之。

姚　玭

玭，淞人。元季奉母避兵至河上，無舟可渡。母泣曰："追兵且至，吾誓不受辱。”遂欲自沉。玭急挽母，俱溺水中。頃之，負母出，已過河矣。爲淮兵所執，疑其從苗中來，傳之泖上軍，得辨白。帥賢之，署爲部史。玭朝夕念母，泣以告帥，遂去。母病，思食魚，有猿致白魚於門，長盈尺。湘臺聞而辟之，以母老，辭不就。

周　樂

樂，瑞安人。方國珍竊據温州，拘其父置海舟上，樂隨往，事其父甚謹。一日，賊酋遣人沉其父於江，樂泣請曰：“我有祖母，幸留父侍養，請以己代。”不聽，樂抱父不忍捨，遂同死。

李　茂

茂，大名人，徙家揚州。母目喪明，禱於泰安山，三年復明。忽夜失火，延燒千餘家，及茂廬，返風而滅。

靳　昺

昺，曲沃人。兄榮爲奎章閣承制學士，奉母王氏官於朝。母没，昺與兄護喪還家。至平定，大雷雨，水驟至，昺伏柩上，榮呼之避水，昺不忍舍去，遂爲水所漂没。後得王氏柩於三里外。詔賜“孝子靳昺碑”。

劉　琦

琦，臨湘人。生二歲而母氏遭亂陷於兵，琦獨事其父。稍長，思母不置，常嘆曰：“人皆有母，而我獨無！”輒歔欷泣下。及冠，請於父，往求其母，偏歷河之南北、淮之東西，數歲不得。後於池州之貴池，迎以歸養。其後十五年而父没，又三年而母没，終喪猶蔬食。

王　庸

庸，歸信人。母有疾，夜禱北辰，至叩頭出血，母疾遂愈。及母卒，哀毁幾絶，露處墓前，旦夕悲號。一夕，雷雨暴至，鄰人持寢席往，欲蔽之，見庸所坐卧之地獨不霑濕，咸嘆異而去。

黄　賫

賫，臨江人。父求官京師時，賫年幼，留江南。及長，聞其父娶後妻，居永平，乃往省之，則父没已三年矣。庶母聞賫來，盡挾其貲去，更嫁，拒不見。賫號泣謂人曰："吾之來，爲省吾父也。今吾父已没，思奉其柩歸而窆之，莫知其墓。苟得見庶母示以葬所，死不恨矣，尚忍利遺財耶！"久之，聞庶母居海濱，亟裹糧往，庶母復三日不納。庶母之弟憐之，與偕至永平屬縣樂亭求父墓，又弗得。賫哭禱於神，一夕，夢老人以杖指葬處曰："見片磚即可得。"明日就其地求之，庶母之弟曰："真是已，殮時有某物可驗。"啓朽棺，得父骨以歸。

張子英

子英，建寧人。幼孤，侍母王氏。元季盗賊擾攘，妻子俱被掠，子英負母逃避，備經險阻，寓居黄溪，傭書爲養。母嘗思婦與孫，寢食不安，子英跪曰："但得母安，妻子可復返。"賊退，遂奉母歸，妻子亦果得還。

史彦斌

彦斌，邳州人。至正中，河溢，鄰邑墳墓多壞。斌母卒，葬時慮有後患，爲厚棺刻銘其上。明年，墓果爲水漂，彦斌縛草人置水中，仰天祝曰："願天默佑，假此靈芻，指示母棺所在。"自乘舟隨草人所之，行三百里，經十餘日，草人止桑林中，果得母棺焉。

石永壽

永壽，新昌人。事親謹慎，晨夕必問起居，承候顔色。元末兵亂，父被執，兵欲殺之，永壽亟抱父請代，兵遂殺永壽，其父獲免，鄉人哀之。

吕　祐

祐，晉江人。元末郡城破，有卒拔刀脅其母索財不得，祐奪其刀，手指俱落仆地，良久復開目視曰："母幸無恙，兒瞑目矣。"

易文炳

文炳，襄陽人，隨父徙居沔陽。父喪，廬墓，三年不見齒。時人敬慕，多遣子弟從之遊，稱爲"易孝子"。居前有池産蓮，一蒂二花，咸以爲孝所感。

張志清

志清少事親孝，極耐辛苦。東海珠牢山舊多虎，清結草居之，虎皆避徙，然頗爲人害，清曰："是吾奪其居也。"後家臨汾，地大震，城郭邑屋摧壓死者不可勝記，清所居裂爲二，無損焉。

魏敬益

敬益，容城人。居母喪，哀毁骨立。有田僅十六頃，一日語其子曰：“自我買四莊村之田十頃，環其村之民皆不能自給，吾深憫焉。今將以田歸其人，汝僅守餘田，可無餒也。”乃呼四莊村民諭之曰：“吾買若等業，使若等貧不聊生，有親無以養，吾之不仁甚矣，請以田歸若等。”衆聞皆愕然不敢受，强與之，乃受而言之有司。有司以聞，丞相賀太平曰：“世乃有斯人哉！”

王克己

克己父没，負土築墳，廬於墓側。貊高縱兵暴掠，縣民皆逃竄，克己獨守墓不去。家人呼之避兵，克己曰：“吾誓守墓三年，以報吾親，雖死不可棄也。”俄而兵至，見其身衣衰絰，形容憔悴，曰：“此孝子也！”遂不忍害，竟終喪而歸。

劉思敬

思敬事其繼母杜氏、沙氏，孝養之至，無異親母。父年八十，兩目俱喪明，會亂兵剽掠其鄉，思敬負父避於嵒穴中。有兵至，欲殺思敬，思敬泣曰：“我父老矣，又無目，我死不足惜，使我父何依乎？”兵憐之，皆免於難。

祝公榮

公榮字大昌，麗水人。隱居養親。親没，柩在室，竈突失火，公煢力不能救，乃伏棺悲哭，其火自滅。塑二親像於堂，朝夕事之如事生焉。

蔡　恢

恢字汝大，南康人。事親菽水盡歡，遠近咸稱之。至大間，郡長燕只不花厚禮之，聞於朝，命未下，年九十有八卒。

過宗一

宗一，海鹽人。父早喪，事母勤謹。張士誠陷姑蘇時，負母逃遇寇，以身蔽母，中數鎗，賊捨而去。

潘應定

應定，嘉興人。母喪，廬墓，哀號無間，時有桂花變色、白鶴來翔之瑞。左丞周伯琦爲書“雙禎”二字，揭於墓所。

曾　德

德，漁陽人，宗聖公後裔。母早亡，父再娶左氏。遊襄陽，樂其土俗，因家焉。亂兵陷地，遂失左氏。德徧往南土求之，五年乃得於廣海間，奉迎以歸，孝養備至。

高　源

源僉江南浙西道提刑按察司事，劾常州路達魯花赤馬恕奪民田及他不法事。恕懼，走賂權臣阿合馬，以他事誣源。既繫獄，一日，忽釋之，莫知所由。先時，源所居鄰里，多阿合馬姻戚，素知源事母至孝。至是，聞源坐非辜，悉詣阿合馬曰：“源，孝子也，非但我知之，天必知之。况媒孽之罪非實，若妄殺源，悖天不祥。”阿合馬因感悟。

張起巖

起巖，章丘人。少處窮約，下帷教授，躬致米百里外以養父母；撫弟如子，教之宦學，無不備至。

尹夢龍

夢龍母喪，負土爲墳，結廬居其側。手書《孝經》千餘卷，散鄉人讀之。有群烏集其塚樹。

張　恭

恭，偃師人。以兵部符署案牘，親老，辭歸侍養，掃理先墓，身負水灌松栢。父喪，過哀。侍母馮氏尤謹。歲凶，恭夫婦採野菜爲食，而營奉甘旨無乏。母有疾，恭手除溷穢，喂哺飲食，且嘗糞以驗疾勢。天曆初，西兵至河南，居民悉竄。恭守視母疾，項中一劔，不去，母驚悸而没，恭居喪盡禮，人稱孝焉。

龐　遵

遵，永平人。母病腫，三年不起，忽思食魚。遵求於市不得，復求於港口，嘆恨不已，忽有魚躍入其舟。作羹以獻母，母悦而病瘥。

徐允讓

允讓，山陰縣人。遭元末兵亂，允讓以妻潘氏奉其父安避兵山谷間。遇寇，砍安頸，流血，允讓抱安大呼曰："寧殺我，勿殺吾父。"寇即捨安殺允讓，將辱潘，潘紿曰："我夫已死，從汝必矣。若能焚吾夫，則無憾矣。"因縱潘聚薪焚其夫。火方熾，潘即投火中死。寇驚嘆而去，安得不死。洪武間，有司以孝聞。上以允讓能捐生以救父死，潘氏能全節以盡婦道，詔旌"孝節之門"。

丁鶴年

鶴年，其先西域人。至正間舉進士。卜日葬父，霖雨不止，鶴年仰天號泣。翼日，雨霽。葬畢，雨如初。兵亂後，失母墓所在，悲慕深切，夢母告以葬所，即其地得之。見母屍正中一齒如漆，復囓指滴血試之，良驗，遂改祔父壙。人呼"丁孝子"。

趙一德

一德，新建人。元兵南伐，被俘至燕，爲鄭留守家奴。歷事三世，號忠幹。至大間，一德請於其主鄭阿思蘭及其母澤國太夫人曰："一德自去父母，得全生依門下者，三十餘年矣。故鄉萬里，未獲歸省，雖思慕刻骨，未嘗敢言。今父母已老，脱有不幸，則永爲天地間罪人。"因伏地涕泣，不能起。阿思蘭母子皆感動，許之歸，期一歲而返。一德至家，父兄已没，惟母在，年八十餘。一德卜地葬二柩畢，欲少留事母，懼得罪，如期還燕。阿思蘭母子嘆曰："彼賤隸，乃能是，吾可不成其孝乎！"即裂券縱爲良。一德將辭歸，會阿思蘭以冤將被誅，詔簿録其家。群奴各亡去，一德獨奮曰："主家有難，吾忍同路人耶！"即留不去，詣中書，訴枉狀，得昭雪，還其故籍。太夫人勞之曰："疾風勁草，於汝見之，何以報汝？”分美田廬遺之。一德謝曰：“非有利於是也。重哀主人無罪，故留此以報耳。今老母年八十餘，得歸侍養，賜已厚矣，何以田廬爲！”不受而去。

明

晉府西河王

王朱奇溯。母病渴，王仰祝天，甘泉湧出，病愈。建醮酹謝，雙鶴飛繞壇前。母卒，哀毁不勝。宫墀古栢生花，異香襲室。

朱　勇

勇，朱能子，性至孝。居喪，哀慟，人不能堪。正統初，提兵禦虜，没於陣。追封平陰王。

姚伯華

伯華，桐廬人。元末寇亂，同父母避於閬原山。猝遇盗，推之嵒下，伯華趨視，已死。以二被裹尸，擔之從間道奔桐江。夜無舟渡，俄漁人棹小艇來載，登南岸。復擔至姚家山，採木葉掩尸，以木錐掘土。既饑不任，又慮盗窺，晝伏夜作，踰宿穴成。負二骸殯焉，痛哭嘔血去。明興，時時悲思，痛二親死非其所。冬月，擁爐泣淚，炭爲不然。祭祀執爵，哀哀呼父母，如在膝下。每憶逃難之日，困乏草履，幾不免，乃以一銀釵購得之。自是閒即手織草履以施貧者，而弗取直，終其身如是。有孫八人，吏部尚書夔、河南參政龍最顯。

季　煦

洪武中，官吏有罪者，輸作城役。季用任福州僅五月，以罪當輸。季用病，謂其子煦曰："吾力竭矣。"煦奮曰："爲人子而不能脱父之阨，何以生爲！"具以狀聞。上哀之，乃赦季用，復其官。時因季用得復者十四人，皆羅拜季用，謝曰："微君有孝子，吾等骨皆城土矣！"

魏文昌

文昌，華容人。父獲死罪，繫武昌獄。文昌詣闕上疏，願以身代，高廟許之。臨刑，語其弟曰："謹事二親如吾生時也。"遂伏法，時年十八歲。朝野哀之。

錢　遜

遜字謙伯。母病，侍湯藥，久而不怠。及卒，廬墓終喪。明初，薦用。

鈕　政

政，安邑人。父死，廬墓。墓前有蔴一株，冬夏常茂，一烏栖其上，政哭，烏亦悲鳴。

程　通

通字彦亨，績溪人。洪武中，領鄉舉，入太學。聞父没於外，哀訪至江西之吉安，始得奉喪以歸。厥後以祖平遠謫陝西，上表乞釋之，其略曰："臣幼失父，止有祖，坐法流陝西，遠隔四千里外，今年七十有四，煢然無依。臣無父，祖猶父也。祖老而無子，孫猶之子，祖孫二人，更相爲命。今邊徼健士如林，豈少臣祖一老卒乎？”辭極懇切。上持其章不下，密命驛召平至，立殿之東，并召通，使西嚮立，顧謂通曰：“汝識此人否？”祖孫相視哽咽。上嘆曰：“孝哉此人！”命兵部除其籍。

程其禄

其禄，歙岑山人。母病，籲以身代。母喪之後，日食饘粥，十有四年。有大蛇環土室，欲噬禄，禄泣告以母故，蛇即去。自廬墓後，終身不入闤闠。

梁 庠

庠，麻城白杲人。母王氏篤疾，庠身不離榻、衣不解帶者三載，里人稱爲“苦孝”。

陳 圭

圭字錫玄，黄嵒人。洪武中，父叔弘罪當死，圭奏願代父。上喜曰：“不意今日乃復有孝子！”欲赦其罪，刑部尚書開濟奏曰：“罪有當刑，不宜屈法以開僥倖之路。”遂聽圭代父死。

王世澤

世澤字胤大，新都人。生一歲，父客死，留一詩扇，囑遺孤。及長，索扇亦亡，多方重購得之，每展閲，淚盈盈下。年九十，哀慕如初。先是，扶櫬歸，道遇虎，人從驚散，虎仰視澤，垂首而去。

饒鳳翔

鳳翔，安陸人，爲郡諸生。事父母竭力。逮喪，坐卧柩旁，奠告如生，廬墓六年始歸，朔望猶往，雨雪不廢。

戰　正

正字德義，高密人。父喪於大寧，正往奔取父骨，徧訪弗獲，仰天號泣。忽一老人備告之，遂破中指滴血，裹負而歸。後中鄉舉，不仕。

魏　敏

敏，鞏縣人。洪武間舉進士，授吏科給事中。母病，謁告歸省，未至而母卒。勺飲不入口者五日，廬墓三年，旦夕哭奠如初喪。

鮑　燦

燦字時明，新安人。母余氏，年七十，兩足俱病疽，醫藥經年不效，燦晝夜吮之，不浹旬愈。時客居汴，周王聞之，書“存愛”二字表其堂。

譚　紀

紀字廷憲，蓬州人。父有足疾，扶侍四十年不少間。父没，泣血，三年不御酒肉。建思親臺，時登悲痛，至老不替。

李得成

得成，淶水人。母張氏，避兵自投於河。得成夢母在河冰下，乃卧冰七日，冰釋得之。洪武中，舉孝廉，遷尚寶司丞。

蘇　旻

旻字舜夫，嘉定人。父病，竭力迎醫，弗愈。及卒，哀毀，疾甚。負土治墓，結廬寢食其中。一日，雨水侵墓，荷鍤决之，獲金百錠，盡買藥治棺以施人。父産悉讓諸弟。

馮　瑮

瑮，慈谿人。父失明，卧床褥凡十五年，瑮事之惟謹。家貧，里人王鐸延之家塾。每有珍味，瑮輒不食，鐸覺之，必先餽其父，然後饌瑮，瑮始食。父有老婢，病，瑮爲奉湯藥。或訝之，瑮曰："吾父存日賴其周旋，若忘之，是忘吾父也。"縣令欲疏以聞，瑮曰："此子行之常，若以希褒錫，是市名也。"力辭。

莫　轅

轅字巽仲，吴江人。父繫獄，將刑，轅年十一，願代父死，理官奏而釋之。一日，鄰火逼其居，轅躍入火中，抱母以出，鬚眉盡燎。鄉人謚爲"貞孝先生"。

吕師賢

師賢字愚卿，幼失怙恃。年十三時，叔父琴山無子，訓育之，欲使爲嗣，對曰："賢賴叔父，教養之恩固不敢忘，然先人無别子，使某嗣叔父，則先人無嗣矣。叔父求子姪之佳者嗣之。"琴山如其言，而賢益刻志孝養。叔父没，服喪三年。年一百零三歲無疾而終。

喻德昭

德昭，臨川人。父移鳳陽時方六歲，父母俾所親育之。年十四，詣鳳陽求之，越十年得見父於漢中屯所，而母已没，乃扶歸。比葬，廬墓，哀慟常如初，竟卒於墓旁。

趙　説

説，麻城仙居鄉人。以《詩》《書》教授生徒。父母同日死，居喪，盡禮泣血。廬墓，感二白鶴，馴擾墓側。正統間，旌表其門。

郝安童

安童，永州祁縣人。父戍定遼，卒，安童應補役，以母老，無他兄弟供養，且有姑守節，老而無依，亦仰給於童。因詣闕陳情，太祖以爲孝子，詔免其軍役，復其身。

鄭　英

英字伯華，事親勤謹。父老病劇，虔禱於東嶽行祠，求以身代，父病隨愈。越數載卒，哀毁踰禮。既葬，舉明經，以母老辭。母數遘疾，侍湯藥未嘗解帶，親爲滌溺器。及母卒，竭資産營葬。復以明經孝弟舉，授廣西南寧府經歷。

歸　鉞

鉞早喪母，父娶後母，鉞失愛。父手提鉞，後母輒持大杖與之曰："毋徒手自傷。"家貧，食不足贍，逐之，困頓匍匐道中。後母復語其父曰："有子不家居，出外作賊耳。"父復杖鉞。鉞以饑故，面黄體瘠，每歸，依依户外，欲入不敢，俯首吞聲，竊自飲淚，人莫不憐之。父卒，後母獨與其子居，擯鉞。鉞因販鹽市中，時問母起居，致甘鮮焉。會歲饑，後母與弟不能自活。鉞泣迎母，母内慙，鉞事之愈勤謹。

楊　巍

太宰楊巍每朝參畢，閉門謝客，便服侍母側，盥漱巵盂、搔摩扶掖，無不親之。春日爲村裝，纈母夫人，負之背，迤邐行花叢中，婆娑香蔭，歡娱竟日。旋以養母乞歸，母壽至一百四歲。

藍　純

純，江陵人。應貢，將赴南雍，以父老不行。刺史吴彦華曰："只此一念，可當孝子。"父卒，廬於墓門不忍歸，士林慕之。

張宗魯

宗魯，開封府鈞州人。四歲失明，二十遭亂，負母路氏逃難，其妻扶掖以行。歲饑，宗魯賣卜以爲養，日給不足，妻則採野菜以繼之。天下既定，乃奉母還故鄉。母卒，仍求其前母合葬父墓。詔表其孝行。

陳　榮

榮，建寧人。天啓中，郡城水災，民漂没。榮與母兩地，隨流各附一木，及達岸，卒遇其母。先是，官舫中一郡守夜夢神告次午有孝子附舟，守艤船以待。至日中，一木衝岸，則榮附其上焉。守驚，詰何以孝遽動天，榮曰："某何知孝，惟一老母，頃刻不敢忘耳。"

唐　豫

豫字用之，海南人。性篤於孝，早失怙恃，作蓼莪亭以寓悲思。隱居授徒，自號樂淡。

徐世華

世華字士英。父授卿，明初以保障死難。世華童年，詣軍營，扶柩歸葬。尋爲賊所掠，泣告曰："華不幸早失怙，母老無依。"賊憐得釋。母病，籲天願代，果卒，祔葬父側。鄉人稱其墓爲"忠孝塚"。

瞿嗣興

嗣興字華卿，常熟人。母思食芰，時芰始花，求之不得。嗣興入水半日，忽得三芰。宋景濂傳其事。

黎　崇

崇字好禮，南城人。居親喪，哀毁踰制，啜糜飲水，三月不進鹽菜，三年不櫛沐。終喪，猶縞衣，諱日輒哭臨不止。

龔仲賢

仲賢，光澤人。早喪父，家貧，母紡績以撫養之。稍長，母卒。仲賢痛念不已，刻木肖像以奉飲食衣服，出入有事，必以虔告，朝夕不怠，凡十八年如一日。鄉人稱慕之。

王世名

武義孝子王世名年十七，父爲人殺，世名恐殘父屍，不敢出理，乃陽與息，密購一刃，上銘“報仇”二字，母與妻不知也。服闋，遊邑庠。又三年，生一子，忽語母曰：“兒可死矣。”遂往殺仇者，赴邑請死。邑令憐而欲全之，世名曰：“殺人者死，國法也。奈何以吾廢法乎？”竟不食死。孝廉張鳳翥爲之傳。

顧仲禮

仲禮，保定人。幼孤。歲凶，見蝗食其田苗，泣曰：“吾將何以養母乎？”俄頃大風，蝗盡散去，苗竟不傷。

錢　迪

迪，更生之子。更生坐事當刑，迪求以身代，上許之。死時年十八，更生得優老而終。

岑　義

義，邛州人。父泰，母蘇氏，義竭力供甘旨之養。母疾，籲天願減年以壽母。母盲，義朝夕舐之，目復明。父母卒，苫塊幾毀，合葬岠山下，跣足負土成墳。廬墓三年，甘露降於墓樹。

周　炳

炳，舞陽人。事母焦氏，定省無違。母病，思食獐肉，乃四出求之，弗得，擬次日入山。是夜，忽有獐入其室，殺以啗母，病尋愈。

王　弼

弼，徐州人。十歲喪父，哀毁幾絶。洪武中，以薦知樂安縣，迎母就養。母病，籲天[1]以身代。母年九十卒，躬負土，廬墓三年，哭泣不輟。召拜文華殿大學士，辭不稱。朝廷不允，欲以風勵天下之爲人子者。尋改通政司右參議。致仕，仍旌表其門曰“孝行”。

吕　賢

賢字良器，鄞人。早遊邑庠，父喪，母俞氏孀居，遂棄業歸養。母嘗三遘疫疾而逝，賢日夜扶侍，卒不染。值旁室火災，勢迫母柩，賢呼天觸地，俄而反風轉燄，方得移柩丈許，燄復闔室矣。

師　逵

逵字九達，東阿人。少孤。年十三，母疾危殆，思食藤花菜。亟出尋求，至城南郊外二十五里得之，及歸，夜已二鼓。道遇虎，逵驚而呼天，虎捨之去。母食菜而疾愈。

金彦文

彦文，休寧人。三歲喪父，七歲舅奪母志，祖母高撫育成童。家貧，採薪負米以資甘旨。祖母没，殯葬盡禮。母寡居，迎歸孝養。母病，齋禱備至，得愈。

厲孝先

孝先少貧。父被誣京師，身往代白其事。後父遘疾，卒，扶柩維艱，有助之者曰："八千里外，汝一窮人，不若焚化之爲善。"孝先泣而不聽，輒欲自鬻。鄉人有仕於朝者，賻貨之，竟得歸葬。

許　欽

欽，績溪人。年十六，教授於鄉。兄弟貧，以己田讓之，獨養父母。有疾，湯藥必親調，告天求以身代。父母相繼卒，哭聲人不忍聞。

王　中

中，登封人。家業農。母没，廬墓三年，身被衰麻，日食飦粥，旦夕哭奠，未嘗櫛髮易衣。墓側無水，浚井四丈餘不得泉，中環井再拜籲天，泉乃湧出。

桂　恭

恭，慈谿人。父宗蕃，邑庠生，以楷書預修《永樂大典》，書成將授官，得疾告歸。恭甫八歲，即能承順顏色，侍奉湯藥，頃刻不離左右。來問疾者，見語意相得，即具饌設款，以悦親心。父性嚴急，稍不適意，輒怒不食。恭跪床下，候怒觸方起。溷厠沐浴未嘗委之婢僕，四十年如一日。東鄰火迫，父不能起，恭抱父號慟，須臾，風止火滅。後恭得疾類其父，忽有老人授以丸藥，出門不知所往。恭服之，病遂起。

趙　讓

讓，肥城人。家貧，幼孤，傭力以供母。母卒，號泣，絶而復蘇，廬於墓旁。有虎夜至，讓但悲傷，虎自避去。後有刼入廬，讓告止有米數升以爲母忌祭資。賊感嘆，以百錢遺之。

謝　佑

佑字廷佐，桐城人。少孤，事母至孝，嘗讀書於牛背。正統成進士，歷官山西布政，致仕卒。母喪未終，遺言以衰絰爲殮，以終吾喪。

崔　永

永字彦齡，海鹽人。七歲喪父，其母更適里人桑慎，從戍海南。永思母不置，遂徒步走海南，行次瓊州得見母。會慎没，永求歸母，所司不可。乃哀請於朝，許之。歸舟遭風，母失水，永入水負母得活，而永竟以寒疾終。布政使茹大素葬祭之，海南人至今稱“崔孝子”云。

趙　巖

巖，堂邑人。母亡，奉父甚謹。家貧，嘗借貸以供給，艱苦不使父知。父没，合母葬，建祠墓側，圖親容，事之如生。永樂中，旌其門。

季厚禮

厚禮，無爲人。晨昏奉親，下氣怡色。父母終，廬墓六年，不食鹽味。子立居厚禮喪，亦不御酒肉，廬墓三年；母没，又廬墓三年。孫廷春於宣德間母喪，結廬墓側，茹蔬歠粥者三年猶一日。人謂其一門純孝云。

紀　賢

賢字若愚，任丘人。少孤，竭力事母顧氏。弟四人，呱呱仰給，維持哺鞠，以至成立。每日必視母寢定，然後就室。著家範數十條，終其世，同爨者五十餘人，咸化其德。賢先母卒，囑其子曰："葬吾必傍吾母壽域，以畢吾廬墓之志。"

葛　泰

泰字文彬，績溪人。老母病篤，思食生梅。時八月，無存者，泰遇梅樹，輒撫之涕泣。忽得二枚，如初熟者。

干　纓

纓字應麾，和州人。里塾師之父没，盡哀，不茹葷，不作佛事，廬墓終制而後歸。又十三年母没，哀毁如父喪。有司欲舉旌典，纓力辭曰："職分之所當爲，顧纓何人，敢當盛典。"

洪　祥

祥字士高，黄梅人。父友璋病瘋，祥侍卧起，粥餌、衣被、垢穢必躬治之，垂一載餘。父念其勞，久乃强起語曰："我病少愈，可無須人。汝姑去，第留一僕侍我。"祥佯諾，其夜仍伏父榻旁。夜半父起，呼僕不寤，力怠而仆。忽有一人掖之，驚曰："爲誰？"祥曰："兒也。"父子於暗中相持大哭，父曰："天乎，兒孝至矣！"疾良已。祥竭力承事，得優游十餘年始卒。悲思不置，嘗見父形於醮薦鏡中。年九十七終，子六人俱賢。

傅　海

海，威縣人。父没，廬墓三年，不令妻子相見。建一祠安父母畫像，晨昏奉奠。夜有虎來墓所，海正色視曰："我爲父母，生死所不恤。"虎遂去。

曹　昌

昌字德隆，壽州人。父斌有隱志，好遊覽山水，往來汴、洛，久而不歸，時昌甫三歲。及長，辭母求父，跋涉三年，知父已死，朝夕號泣。已而負骸骨歸葬。周王賜《孝子詩》。

栢　英

英，江都人。爲延安衛指揮。父卒，哀毁幾絶，廬墓三載，感狐兔爲侶。景泰中，詔旌表。

毛　玘

玘字國珍，任人。以進士授蒙陰知縣。先是，母久失明，玘迎養官舍，懇祈於天，母目復明。某參政以均徭役至，意有所需，玘曰："殘下媚上，吾不爲也。”即解任，奉母歸。

甘澤 潤

澤，開州人，與其弟潤俱以純孝稱。自爲兒時，凛若成人，能以色養。歷官御史，既而謫滁州。天順改元，召還。至張秋，聞父没，痛哭擗踊幾絶，徒跣三百餘里歸葬。廬墓，蓬首垢面，旦夕泣奠，盡哀期年。有兔及蛇遊墓旁，馴擾如常。弟潤事母霍氏謹篤。有司以聞，并旌表。

江 昭

昭字希賢，歙縣人。母病，中夜稽顙北辰，祈以身代。母病中若聞香氣，疾遂瘳。嘗以母命入山視茗，有虎咆哮而至，昭神色自若，徐云：“昭身無足惜，奈老母何！”虎俛首而去。

閔 玄

玄，浮梁人。幼失父，誠心事母。母没，廬墓。服闋，復追父喪，三年仍服除。三十餘年廬墓，如居喪日。

戴 瑱

瑱字守温，少孤。母病，藥需鯽魚和劑，時值嚴冬，瑱解衣入水，捕得之。及母没，哀毀過常，尋以疾卒。邑令袁公道爲營塚窆，題其墓曰“方嵒之北，唐嶺之南，孝子之風，流千百年”。

倪神保

神保，連江人。幼失父母，常念罔極莫報，與妻林氏禱於天，欲得一木兩枝，刻一親像奉祀。入石屏山求之，果見二木相對，乃拜祝曰："此木果可刻吾父母，當自動者三。"祝畢，果三動，遂傭工取直，募匠刻之。夫婦奉祀一如事生，三十年不少替。

單　積

積，六安人。父會試卒於京，積哭踊奔赴歸葬。廬墓，晝夜號泣，鄰婦至爲廢食。貧甚，饘粥不繼，鄰人輟食以餽之，拒不受。有司欲上聞，辭曰："此分内事也，何異可聞。"

洛　忠

忠官至清浪參將。早孤，奉母備至。母卒，哀毁不勝。葬時秋雨連旬，至期晴霽，事畢，復雨如初。

王　原

原，文安人。父珣困於里役，語妻張氏曰："吾單弱，有田數十畝不能支役，將逃焉。"張泣留之，珣竟去。張撫原獨居。原少奉母孝，及長問父，吞聲不能言。既娶月餘，跪母前曰："兒將訪父，與俱歸。"母曰："兒過矣。父久出，生死不可知，兒安之。"原仰天號曰："天下豈有無父之人哉！兒不得父，不生還。"泣與母别。初走涿鹿，已徧歷齊魯間。一日，至田横島，時日西斜，颶風甚急，禱於叢祠，因宿焉。夜夢入古刹，正當午，有僧與原飯一盂曰："此莎米也，味苦，吾爲汝澆以羹，羹乃肉汁。"忽祠門軋然有聲，驚而覺，一丈人策杖入，問原奚自。原實對，且語以夢，丈人曰："日當午，南方也。莎草根，附子也。調以肉汁，附子膾也。若急去，於山寺求之。"原如丈人語趨清源，而上渡淇水，聞輝縣之帶山有夢覺寺，心動，造焉。寺有火者，訪之，即其父。相持大哭，然父絶無歸意。原白於主僧法林，法林曰："天作之合，非人力也。"强之歸。原後生男六人，孫曾十數人，鄉里以爲孝感云。

王弘裘

弘裘字子治，歙州人。幼失恃，嘗聞母欲以杠濟外家山口，裘鳩石爲梁，成母志，人稱"孝子橋"。

孫　瑾

瑾，丹徒人。父没，停柩未葬。嚴冬，跣足而步。事繼母唐甚謹，唐患癰，瑾親吮之，即愈。唐雙目喪明，瑾旦夕舐之，復明。及卒，卜日將葬，時春苦雨，瑾夜號天，旦復開霽，甫掩壙，復雨。

沈　輔

輔字良弼，父篪，母黄氏。輔嘗他出，忽心動汗流，亟馳歸，則母癰潰不可救矣，哭踊絶水粒者三日。父患疾，數焚祝，願以身代。及没，廬墓，妻瞿氏事姑舅孝養備至。弘治中，旌其閭曰"雙孝"。

阮　珩

珩字國用，順德人。遊邑庠，兄死告歸，專事其母，無心仕進。督學潘某巡視至邑，强令就試，見其文優，令復學補廩應試，皆辭。一二老成述其孝行於潘，潘爲文以彰之，又贈詩，有“百尺樓高孝子居”之句。

孫　堪

堪字志任。中武舉第一，歷官都督僉事。父燧爲宸濠所害，徒步千里，負骸骨歸葬，行路悲酸。母卒，又北走齊魯，號天而望櫬，慟哭不置，竟殞。人稱爲“父忠子孝”云。

亢良玉

良玉，臨汾人。事父母能色養，得其歡心。母卒，廬墓側，朝夕哀號，有芝草叢生、棗葉如蓮之異。

金　洲

洲字士敦，嘉定人。事父幾諫，繼之以泣。居母喪，哀毁骨立，動不違禮。嘗知永康，有善政，以不任勞瘁，忽嘔血而卒。學者稱爲“沐齋先生”。

樸　素

素爲新安衛所鎮撫。幼孤，事母極孝。年十六，母喪，葬問政山，去家十里，每日至墓泣拜，雖雨雪無間。後得壽九十七，邦人敬慕之。

李　轅

轅奉母至孝。有客來投宿，轅適臨溪烹鷄，既具飯，不以供客，客怒，不食。轅曰："老母病，思肉不得，故烹一鷄，不及君也。"客愈怒而去。是夜，屋後火起，將及廬，忽天雨反風，火滅。鄰人奔視，見客仆死火中，火炬猶在手。

吴 雁

雁字子秋，南康人。事親盡孝，居喪執禮，以母合葬於父，廬墓三載。

宋 璜

璜，威縣人。流寇倡亂，城陷，賊入璜室，縛璜父。璜哀告，願代父死，且紿之曰："吾知銀處。"賊隨之，覓不得，竟遇害，父因得免。璜妻李氏，年二十三，伏尸號慟曰："汝能替父死，妾獨不能替夫死耶！"不食者三日，其姑以撫五歲兒解之。乃撫嬰成立，爲諸生。守節二十餘年，清苦始終如一。

包實夫

實夫力學，明經，事親勤謹。一日獨行，忽遇虎，啣其衣曳至林莽中，實夫曰："汝欲食吾肉，何憾？念父母垂老，缺終身之養，虎知吾乎？"虎乃起，復曳其衣至故處而去。

馮履祥

履祥字君德，慈谿人。嘉靖中，倭賊犯縣，履祥隨父出奔。賊逼傷父左手，履祥以身蔽之，泣訴曰："此吾父也，願無加害，寧殺我。"賊竟刃之死。其妻袁氏遁於靈山，時孕已彌月，夢一紅面神告曰："汝夫爲父死，不可使無後，當與汝一子。”次日，果生。賊欲入境，亦見紅面神擄要路，馬皆策之不前，乃靈山驃騎將軍神威之庇，與得兒夢符。

陳清福

清福，南康人。正德間，父禮舫臨陣失事，當斬而逃。捕者遂逮清福至軍門，清福默然無難色，代父死之。

侯英　侃

英字世傑，開州人，與弟侃俱以孝稱。年十三時，母鍾氏眼疾，憂泣輟食，兄弟每夜祈佑，越四十九日疾愈。英官江西按察使。母死，訃聞，號泣奔還，與侃同廬墓，有白鷺數千旦夕飛鳴塋前。

易　直

直字子順，宜春人。少讀《小學》及《朱氏家禮》，即躬行不倦。父廷選，少違其意，即叱怒，直跪伏終日，不命之起不起。父疾，直嘗糞苦，尋愈。及再疾，以糞味甘爲憂，父竟卒。嘗遇寇至，抱母哀痛不離，賊亦舍之。服闋，例應貢，念祠墓無所主，上書求解諸生籍。於是結廬暘崖山，奉母讀書自得。

閔宗時

宗時，鄞人。幼喪母，奉繼母陳承順篤至。倭賊突至，舉家竄避，宗時扶父出而遇賊，脅取金錢不得，拔刀欲殺其父，宗時以身翼蔽，泣求自代，遂飲刃而死，尸諸田間，父遂得釋。家奴李三抱宗時幼子，不忍舍去，亦被賊截左耳，并刲其面，屢死屢甦，人共傷之。

馮行可

御史馮恩疏言三奸下獄，子行可尚幼，於長安街刺血書疏言："臣父幼失怙，賴祖母含飴哺之，不幸忘逆鱗之戒，遽陷大辟。念祖母年八十餘，憂傷之深，僅餘氣息，臣父死，祖母必死。惟冀陛下哀憐，縛臣置辟而赦臣父，得以苟延母子二人之命。陛下戮臣不傷臣心，臣被戮不傷陛下法。"通政陳經見而憐之，爲封上，世宗動容曰："忠孝乃出一家耶！"減死，戍雷州凡六載，赦歸。行可甫冠，舉鄉試。後穆廟御極，恩已七十餘，進太理寺丞，而特旌行可孝子，以表其廬。

毛　愷

愷字達和，江山人。登嘉靖進士，授御史，直聲聞天下，言事忤旨，謫寧國推官。自奉甚薄，事母甚孝。母遘疾，輒泣禱，弗解衣。母卒，郡僚屬遠道馳奠，悉反賻金，時有孝過黔婁、庾亣、伯起之譽。

賴汝威

汝威，南康人。粥蔬供母，弟匿母衣物，輒潛置償之，温凊如稚子者三十年。母亡，廬墓，自悲養薄，遂終身茹素。

郤　祥

祥，行唐人。爲博野令，未任，即馳歸省父。父病則親嘗湯藥，日夜憂惶，求以身代。及卒，過於哀毁，以致成疾，卒於塋所。有孝行碑在焉。

汪　存

存字廷堅，歙人。隨父商，歸舟宿邑之汝灘。天未明，父捨舟先歸，人言前路多虎，存不待飯，冒雨雪追四十里始及。父果遇虎山陬，存泣告天："願虎傷己，毋傷吾父。"虎竟去。

李文欽

文欽字天存，麻城人。弘治間，舉孝廉，判南陽，以母老乞養，不許。知陝州，未幾，棄官歸養。母卒，哀毀骨立，居鄉質直，人咸慕其風槩云。

崔克昇

克昇，內黃人。父遘疾，醫弗能療，克昇取父大小便嘗之，以審輕重，卒治得瘳，年九十九歲終。克昇葬祭一遵家禮，跣足負土築墳，廬墓三載。

許立德

立德，文穆公長子。母汪夫人患噎，苦不能飧，亦終日不飧。母没，以積餓哀毀死，三日復蘇，彷彿見母送之歸。既卜地葬母，日夕悲號其側，文穆公聞之，假病召入燕侍。時念母慟哭，文穆公亦慟哭，恐傷父心，每念欲哭，輒掩面走他所，盡哀而後還。

解　禮

禮，鄢陵人。父母没，負土壘墓，手植松柏樹數千株，欲開井以資灌溉。偶出廬，行數步，如有人來附耳曰："此地有井。"及掘，果得一井。

班　言

言，臨淄人。母卒，欲廬墓，以侍父不克終志。及父卒，遂廬墓六年。歲旱，邑中獨雨，人以爲班氏之所兆云。

舒倬俊

倬俊，旌德人。年十二，母王氏病篤，每泣禱祖墓，願以身代。一日，俊中獒毒，强之藥，勿飲，泣語母曰："昨夢祖來，云許代母矣。兒死事小，有母在，得善兒父。兒兄若弟，不至失所，兒無憾矣。"遂瞑。未幾，母病果愈。里人題其墓曰"代母墓"。

羅天奎

天奎，南康人。幼失怙，稍長，學藝營生，奉母必誠必敬。母亡，哀痛悲切，喪禮自盡，廬墓三年。每遇疾風迅雷，輒匍地號哭。

鄭　泗

泗字子魯，歙人。母病，歷醫不效，禱於北辰，願以身代，母病尋愈。後父母俱喪，廬於墓側，寒暑不輟，有紫芝、白鶴之異。

陽可幸

可幸，南康人。父早逝，無遺産，事母菽水盡歡。及母卒，居喪持禮，廬墓三年。

秦　涇

涇字汝清，平湖人。幼喪母，哀毁不勝。喪除，像事之如生。及事繼母，失愛，事之益謹，撫異母弟尤篤，卒回繼母心。父卧病，鄰火及卧所，扶舁不及，涇但叩頭籲天，風反，火滅。

凌汝祥

汝祥，句容人。家貧，力耕養母。母没，廬墓啜粥，凡三年不反私室，朝夕哀哭不輟。

楊　乙

乙，武進圩橋人。嘗爲酒家傭，所獲貲悉攜歸養親。暇時潛悲泣，主人窺見，詰之，嗚咽不能對。一日，忽告去，留之不得，曰："父母年高，恐一朝不測，抱恨終天，將還爲承歡計耳。"去而行乞，每得食，雖極飢不敢嘗，得酒肉，輒歌唱以悦之，如是者十年。父母相繼亡，復乞棺，脱己衣以殮，值嚴寒，赤身弗恤，葬於野。露宿墳旁，日夕哀號而卒。

丐　兒

長洲之相城有一丐兒，每詣沈孟淵所請丐，凡所得多不食。沈令人瞷其所往，至野岸一舟，雖陋頗潔，有老嫗處其中，丐出物列陳母前，傾酒跪奉伺，母持杯方起，跳舞唱山歌以娱母，以爲常。母死，丐不復見。

【校勘記】

〔1〕"天"，原作"大"，徑改。

孝經外傳卷之五

周

女　娟

趙簡子伐楚，與津吏期。津吏醉，不能渡，簡子欲殺之，女娟請以身代，曰："妾父尚醉，恐心不知非而體不知痛也。"簡子釋其父，弗誅。將渡，少檝者一人，娟請願備父役，簡子不許。娟曰："湯伐夏，左驂牝驪，右驂牝黃，而放桀。武王伐殷，左驂牝騏，右驂牝騮，而克紂。君但欲渡耳，用一婦人何傷？"因發《河激》之歌，以鳴其意，簡子悦。歸，納幣於其父，娶之。

漢

淳于女

淳于緹縈，太倉令淳于意之少女也。意無男，有五女。詔獄當刑，嘆曰："生女不生男，緩急非有益。"緹縈悲泣，隨至長安。上書曰："妾父爲吏，齊中皆稱其廉平，今坐當刑。妾傷夫死者不可復生，刑者不可復屬，雖欲改過，其道無由也。妾願没入爲官婢，以贖父罪，使得自新。”文帝憐愍其意，釋之，因除肉刑。

緱氏女

緱氏女名玉，陳留外黄人。爲父報仇，外黄令梁配欲論殺玉。申屠蟠時爲諸生，進言曰：“玉之節義，足以感無耻之孫，激忍辱之子。不遭明時，尚當旌表其孝，况在清聽，而不加哀矜乎！”配善其言，乃爲讞得減死論。

程氏女

女，德興人。盜殺其父兄，掠女去，隱忍數年，以計脱。告之刺史顔真卿，捕盜磔於市，女剸其肉，以祭父兄。

盧　氏

鄭義宗妻盧氏，略涉書史，事舅姑甚得婦道。嘗夜有盜數十持杖踰垣而入，家人悉奔竄，惟姑在室。盧冒白刃至姑側，爲賊捶擊幾死。賊去後，人問何獨不懼，盧曰：“人所以異於禽獸者，以其有仁義也。鄰里有急，尚相赴救，况在於姑，而可委棄乎？若萬一危禍，豈宜獨生。”

海州竇氏

東漢[1]郡有孝婦竇氏，少寡，無子，養姑甚謹，姑欲嫁之，不肯。姑曰：“我老，久累丁壯，奈何？”其後姑自經死，姑女告婦迫死其母。吏捕驗治，婦自誣服。于公以爲此婦養姑十餘年，以孝聞，必不殺姑也。太守不聽，于公乃抱其具獄，哭於府上，因辭疾去。太守竟殺婦。

郡中枯旱三年。後太守至，于公曰：“孝婦不當死，咎儻在是乎？”於是太守自祭表其墓，即日大雨，歲熟。

孔融女

孔融爲北海相，曹操忌其威望，害之。女年七歲，二子年八九歲，寄他舍。聞父被收，主人遺肉汁，男渴而飲之。女曰：“今日之禍，豈久活？何賴知肉味耶？”兄號哭而已。或言於操，盡收之。女曰：“若死者有知，得見父母，豈非至願！”遂延頸就戮。

曹　娥

娥，上虞人。父盱，善巫祝，午日迎神，泝濤而上，溺死，無覓尸處。時娥年十四，沿江號哭，乃投瓜於江曰：“父在，此瓜當沉。”旬有七日，瓜沉。娥投江而死，抱父尸出。

陳孝婦

孝婦陳州人，年十六而嫁，未有子。其夫當行戍，臨行囑婦曰：“我生死未可知，幸有老母，無他兄弟奉養，吾不還，汝能養吾母乎？”婦曰：“諾。”夫果死於役。婦養姑愈加勤謹，紡績以爲業，居喪三年，絶無他念。其父母哀其無子而早寡也，欲强嫁之。婦曰：“夫去時屬女以養姑，女既許之。夫養姑而不能卒，許夫而不能信，何以立於世？”欲自殺。父母懼，乃止。養其姑二十八年。姑八十餘終，罄貨其所有以葬之，終奉祭祀。

叔先雄

叔先雄，犍爲人。父泥和，永建初爲縣功曹，縣長遣拜檄謁巴郡太守，乘船墮湍水没，雄號泣晝夜。生男女二人，并數歲，各作囊，盛珠環以繫兒，數爲訣别之辭。家人每防閑之，經百許日稍懈，雄因乘小船，於父墮處慟哭，遂自投水死。其弟賢，夕夢告之："後六日，當共父同出。"至期伺之，果與父相持，浮於水上。

文　姬

文姬，趙伯英妻，李固女，孝而有智。聞父被梁冀誣害，泣曰："李氏滅矣。"密與二兄謀，豫藏弟燮。頃之，郡收固三子，二兄受害。文姬乃告父之門生王成曰："君執義，與先公有古人節。今以六尺委君，李氏存滅在此矣。"遂變服，亡命入徐州，傭酒家。王成匿其弟，賣卜於市。比梁冀誅，遇赦還。文姬對其弟慟曰："先公正直，爲漢忠臣，雖死之日，猶生之年。慎勿以一言加梁氏。"聞者悲感。

南北朝

孝　婦

婦不知姓氏，年十九。劉曜時嫠居陜縣，事叔姑甚謹，毁面自誓不嫁。後叔姑病死，其姑有女在夫家，先從婦乞假不得，因誣殺其母。有司不能察而誅之。時有群鳥悲鳴尸上，盛夏暴尸十日，不腐，經歲不雨。曜遣呼延謨爲太守，知其冤，乃斬姑女，而以少牢祭其墓，謚曰"孝烈貞婦"，其日大雨。

唐

木　蘭

木蘭，女子。父病，不能從軍，爲有司所苦。因代父戍邊，十二年始歸，人無知者。有《戍邊詩》傳於世。

謝小娥

小娥，南昌人，嫁段居正。居正與小娥父作賈江湖，并爲盜所殺。小娥亦被傷，漂水中，經夕而活。流轉乞食至上元妙果寺，夢父曰："殺我者，車中猿，門東草。"夫曰："殺我者，禾中走，一日夫。"娥書此，廣求智者辨之。元和間，李公佐罷江西從事，泊舟至寺。尼僧述之，李忽然了悟曰："殺人者申蘭、申春也。"小娥徧訪得之，乃詭服爲男子，託傭蘭家，心憤貌順者二載。一日，蘭與春皆醉，小娥斬蘭首，大呼捕盜。鄰人并擒春。時潯陽張太守嘉其孝節，免死。娥竟爲尼以終。

唐夫人

山南西道節度使崔琯，博陵人，昆弟子孫之盛，鄉族罕比。先是，琯曾祖王母長孫夫人，年高無齒。祖母唐夫人事姑孝，每旦櫛縱笄，拜於階下，即升堂乳其姑。長孫夫人不粒食，數年而康寧。一日疾病，長幼咸集，宣言："無以報新婦，願新婦有子有孫，皆得如新婦孝敬。"

高愍女

愍女姓高。妹妹，名也。生七歲，當建中二年。父彦昭，以濮陽歸天子。前此者，有質妹妹與其母兄者，使彦昭守濮陽。及彦昭以城歸，妹妹與其母兄皆死。其母李氏也，憐妹妹之幼無辜，請獨免其死，而以爲婢，衆皆許之。妹妹不欲，曰："生而受辱，不如死。母兄皆不免，何獨生爲！"其母與兄將被刑，咸拜於四方。妹妹獨曰："我家爲忠臣，宗族誅夷，四方神祇尚何知！"問其父所在之方，西嚮哭，再拜，遂就死。太常謚之曰"愍"。

章氏二女

章預二女，新安人。母程氏，與二女登山採桑，母爲虎所攫，二女號呼搏虎，母獲免。終身侍奉不嫁。刺史嘉之，蠲其户税，名其所居爲孝女鄉。

周迪妻

迪，洪州商人，携妻之江都。唐末，楊行密圍城，軍士乏食，市肆殺人賣肉。迪妻曰："窮蹙至此，勢難兩全。君有老母在，不可不早歸養，請賣妾以備行資。"遂自詣屠肆，得金與迪别。迪不信，追至肆中，則妻首已在案上矣。

孝　娥

孝娥，池州人。父爲鐵官，冶鐵不流，娥懼父得罪，投爐中，鐵遂湧注。今池州府有孝娥祠。

饒娥

娥，樂平人。父漁於江，風作，舟覆，沉其屍。娥年十四，哭水上，不食三日死。鄉人異之，爲立廟，柳宗元碑紀。

吕氏

吕氏名良，晉江人。父仲洙，病殆。良子與妹俱幼，良焚香祝天，請以身代。時夜半，群鵶飛噪，空中有大星煒煒者三。次日，父瘳。太守真德秀表其居曰“懿孝”。

張氏女

張氏，羅江士人女。其母楊氏寡居。一日，親黨有婚會，母女偕往，其典庫雍乙者從行。既就坐，乙先歸。會罷，楊氏歸，則乙死於庫，莫知殺者。當事疑楊有私，殺乙以滅其口，遂劾治楊，并逮其女，拷掠無實，不勝苦毒。女謂其母曰：“母以清潔聞，奈何受此污辱。寧死，不可自誣，女今訟冤於天。”言終而絶。於是石泉三日地大震，有聲如雷，天雨雪，屋瓦皆落，邦人恐懼。太守疑其獄，夕具衣冠禱於天。俄假寐坐廳所，恍若大猿墜前，驚寤，呼吏卒索之，不見。有門吏忽言：“張氏饋食之人曰袁大。”太守悟，使吏執袁至，曰：“殺人者汝也。”袁色動，遽曰：“吾憐之久矣，願就死。”問之，云：“適盗庫金，會乙歸，遂殺之。”楊乃得免。時女死纔數日。獄上，榜其居曰“孝感坊”。

元

趙孝婦

孝婦，應城人。早寡，家貧，傭織於人。得美食，必持歸奉姑，自啖不厭粗糲。嘗念姑老，一旦有不諱，無由得棺，乃鬻次兒得錢百緡，買杉木治之。棺成，置於家南。鄰失火，時風烈甚，婦扶姑出避，而棺重難移，乃撫膺大哭曰："賣兒得棺，無能爲我救之者！"風忽轉而北，婦家竟免。

聞　氏

聞氏，紹興人，俞新之妻也。新早没，聞年少，父母欲更嫁之。聞曰："一女二夫，烈婦所耻。妾可無生，可無耻乎！姑病在褥，子在襁褓，妾去之，令誰視乎？"即斷髮自誓。姑久病，失明，聞奉養不怠。每漱口上堂拜天，舐其目，目爲復明。及姑卒，家貧，無資傭工，與子負土成墳，朝夕悲號。鄉里咸曰："欲學孝婦，當問俞母。"

戚　氏

戚孝婦名元符。舅姑性嚴，元符奉事彌謹。每謂妯娌曰："我得人身，生於中國，尚爲女子，亦所闕也。今父母皆死，惟舅姑尊耳。"雖被責，亦所不問。

明

錢孝婦

晉陵顧成娶錢氏爲媳，媳寧母家。時疫勢甚盛，成母先病，諸子婦共八人，俱伏枕。婦聞言，即趨往，父母力阻之。婦曰："人之娶妻，原爲翁姑生死大事，今忍心不歸，與禽獸何異？吾往，即死，不敢望父母顧也。"隻身就道。病姑見鬼神相語曰："衆神皆衛孝婦歸矣，吾輩不速避，被譴不小。"即日，八人頓蘇。

儲福妻

儲福，無錫人，初隸燕山衛籍。福故矜名節，靖難師起，逃歸。後購戍卒入伍，福亦在録中，仰天嘆曰："吾雖一介下走，義不事二君。"不食死。妻范氏，年二十，有色，奉姑甚謹。每哭夫，則走入山谷中大號，不欲聞之姑也。家貧，一日浣衣水澗，見其旁忽生草，若蘇州蓆草，取織蓆，售以膳姑。姑卒，營葬，廬於墓側。年八十餘卒，蓆草遂不生。土人義之，葺其廬爲崇孝庵。

李氏女

女名善瑜，歙州人。適葉元瓚長子，年三十。自十八事舅姑，極勤謹，己雖飢寒，凡飲食，不敢嘗啖以奉。舅姑病甚，家貧不能召醫，乃祈告天地，願以身代，舅姑病頓蘇。

趙　娥

趙娥，酒泉人。父安，爲季壽所殺。娥兄弟俱病死，自傷父仇未報，乃袖劒，白日刺壽於都亭。詣縣曰："父仇報矣，請受戮。"令欲釋之，娥曰："不敢偷生枉公法也。"會赦，免。

永興王氏

王氏有女，五歲失明而孝。年三十，父死，伏尸哭，淚盡以血。其少妹舐其血，左目忽明。

胡　氏

胡氏，歙州吴輝甫妻。舅舉三子，議析箸，胡願留養姑。舅年八十，憐他孫不振，輒減膳遺之。胡知，更豐其膳。姑臨終，語胡曰："婦至孝，猶能恤吾寡女乎？"胡遂迎而膳之。時人譽曰"女中曾子"。

賀　氏

賀氏，兖州民家婦，夫興販往來州郡。賀爲婦未旬，夫即外出，經數年始歸。歸數日復出，不聞一錢濟母給妻，閭巷呼爲不肖子。所得之利，别於他處給小妻。賀雖知，每夫還，欣然承事，未嘗微露母於飲食并言。小妻事其子，自懟非理，毆其妻，賀亦不之懟。母老病，凍餒切骨，婦紡織資之，所得傭值盡歸姑。既而寒不營衣，饑不飽食，姑又日加凌虐，婦益敬謹，下氣怡聲，雖閉室無人所，亦無怨嘆。夫嘗挈小妻至家，賀以女弟稱之，待之殷勤，殊無愠色。爲婦三十餘年，夫在家前後無一載，能勤力奉養，始終無怠。

常州婦

常州一村媪，老而盲，惟一子一婦。婦一日方炊，未熟而其子呼之田所，婦囑姑爲畢其炊。媪盲無所覩，飯成，捫器貯之，誤得溺器。婦歸，不敢言，先取其當中潔者食姑，次以餉夫，其惡者乃以自食。良久，天忽晝瞑，其婦暗中若爲人攝去。俄傾開明，身乃在近舍林中，懷中得小布囊，貯米三四升，適足供朝晡。明旦，視囊米復如故，寶之至於終身。

孫復儒妻

復儒妻金氏，武進人。年二十四，夫亡，守節。翁病劇，六十晝夜不眠，親調湯藥，自鬻奩資，以供翁費。

貞孝姑

施氏女，婺源人。父母没，遺弟僅二歲。家頗厚，女恐既嫁，而族人將不利於孺子，乃貞不字。散家産什之一以遺親族，親族戴其德，遂不復忌孤。及孤長，女爲娶婦。時女年垂四十矣，親族請卜婿，弟跪泣以請，姑亦泣曰："我生死施氏女也，若勿强我。"遂聽其志，終身不嫁。邑中紳士私謚曰"貞孝姑"。

【校勘記】

〔1〕"漢"，應爲"海"之誤。語出《漢書·于定國傳》，西漢無"東漢郡"，當作"海"。

後　跋

先君子教讀寶田山莊，生平以孝爲首重，不獨謂求忠臣必於孝子之門，蓋五倫百行，不本於孝，其他皆僞也。不孝焕趨庭之下，未能一一遵奉，常自抱愧。今先君子棄養且十年矣，曾記易簀時，呼焕兄弟命之曰："吾生平著述無多，惟《孝經内外傳》數卷，乃心力所萃，誠教孝之良書也，汝曹其身體而力行之。他日儻能梓之以公天下，是又在兒之善繼善述也。"焕與弟含淚跪受，即什襲藏之。曾幾何時，音容宛在，而手澤徒存。丙申，筮仕南康，春露秋霜，已四閲烝嘗。至今讀"子欲養而親不逮""祭而豐，不如養之薄"諸語，未嘗不椎胸頓足，涕淚交流也。所賴南康民淳訟簡，政事之暇，得與梓人商厥梨棗，歷今五載告竣。未敢云能讀父書，或藉以慰先君子在天之靈，而逭不孝之罪於萬一也乎！

時康熙庚子春三月，長男焕謹識於蓉江官署。

荊楚文庫

孝經集義

〔清〕曾世儀　撰

魏友　點校

前　言

曾世儀，字鴻陔，號鴻階，湖北黄岡縣（今武漢市新洲區）人。生卒年不詳。湖北問津書院生員，道光十五年（一八三五）進士，授直隸昌黎（今河北昌黎縣）知縣。調赴遼陽辦理團防大吏，以吏干聞於朝。擢保定同知，尋署易州（今河北易縣）及天津河間（今河北河間市）府事，以疾卒於官。世儀爲官數十年，清廉自守，除奸革弊，拯民疾苦，深受治下百姓愛戴，昌黎縣曾建有“曾公祠”以爲祭祀，并於光緒四年（一八七八）入祀“直隸名宦祠”，事載《直隸通志》。世儀生平以躬行實踐爲本，不僅在任上以闡揚文教、培植士林爲己務，而且親自輯注成《孝經集義》一書，以爲曾氏家訓。此書最大的特點，乃在於其“以經注經”的編纂體例，即廣泛援引先秦兩漢儒家典籍及子書中與《孝經》經文有關的文本内容，集中羅列於古文本《孝經》對應經文之下，以爲釋義。惟其所引經、子成句，既有切合經文者，亦有氾濫無著者，讀者其識之。《孝經集義》成書後，最初只作爲私書在曾氏一家内部流傳，咸豐十年（一八六〇），彭崧毓（世儀同年友）從曾錫齡（世儀子）處得讀是書，以爲有益於塾中之學，即爲之作序，并敦促刊布，以廣流傳，兼之曾錫齡亦有公諸同好之心，最終在同治十一年（一八七二）由蘄水（今湖北浠水縣）胡璧華（字崑白）校正付梓，稱爲三省堂讀本，爲當時初学入德善本。本次整理即以國家圖書館藏清同治十一年胡璧華三省堂刻本爲底本進行點校。

本書根據《荆楚文庫》點校條例，對原文加以新式標點。凡形近而訛等明顯舛誤，徑予改正；冷僻的異體字酌情改爲通行的繁體字，不出校記。遇有作者在援引經、子成句時，因明顯錯抄個别文字導致語意不通之處，則根據援引文字的原始出處，酌作簡要的校勘記。作者在書中又偶出自注，其用處或是校勘文字，或是指示詞句出處，或是偶揭己意，點校時在相關内容前冠以“原注”“眉批”字樣，并以方括號［ ］標明，以示與作者援引經、子文字分别。本書的點校工作由魏友承擔，崇文書局的編輯和國家圖書館的工作人員，對本書的整理出版予以多方面的關懷和積極支持，特在此一并致謝。

目　　録

孝經集義序

《孝經》爲孔子七十以後垂教之作。《集義》者，黄岡曾鴻陔先生以經、子輯注，訓其家人者也。先生爲余同年友，由孝廉方正，成名進士。官太守，崇祀鄉賢名宦。本於躬行實踐，而注是書，闡往開來，厥旨休哉。喆嗣穉鴻從余遊，出書獲讀，不覺和藹之心，油然而生。夫經有古今之辨，而孝無古今之殊。《集義》者，又引群書之蘊以表之也。其德懷之則精而一，推之則公而溥。蓋人具健順之質，孝得敬愛之理。孝有五等，各循其分，修之一心。心正，修之一身；身立，修之一家；家齊，修之國與天下；國治，而天下平。太和翔洽，莫非斯道游衍。《集義》爲曾氏家訓，非曾氏一家私書也。亟宜録傳，爲標名號於行次，俾行塾中。父以教子，兄以教弟，師以教徒，少成自然，良材輩出。能孝於一身一家者，亦所以忠於國，忠於天下也。故曾子曰："孝者，其忠之用。"經注既闡發詳明矣，爰弁數語，共證心傳焉。

咸豐十年庚申仲春江夏彭崧毓于蕃氏敬撰。

孝經集義上卷

黄岡曾世儀鴻陔輯注 男錫齡、永齡，孫寶恒、寶謙、寶豫校字

《孝經》《家語》：曾參，南武城人，字子輿。志在孝道，孔子因之以作《孝經》。《鉤命決》：子曰："丘志在《春秋》，行在《孝經》。"

仲尼閒居，《禮記》：仲尼燕居。孔子閒居。《周禮》：坐而論道。**曾子侍坐。**《曲禮》：侍坐於先生。［原注："侍坐"數見《禮記》。］**子曰："參，先王有至德要道，**《曲禮》：必則古昔，稱先王。《樂記》：德者，性之端也。《鄉飲酒義》：德也者，得於身也。《孟子》：夫道若大路然。《説命》：道積于厥躬。《周禮》：至德以爲道本。《大學》：大學之道，在明明德。《中庸》：苟不至德，至道不凝焉。《主言》：子曰："吾語女。道者，所以明德也；德者，所以尊道也。是故非德道不尊，非道德不明。"**以順天下，民用和睦，上下無怨。汝知之乎？"**《左傳》：慈和徧服曰順。《堯典》：克明俊德，以親九族。九族既睦，平章百姓。百姓昭明，協和萬邦。黎民於變時雍。《燕義》：是以上下和親而不相怨也。**曾子避席曰："參不敏，何足以知之？"**《哀公問》：孔子蹴然辟席。《主言》：曾子懼，肅然摳衣下席。《曲禮》：請業則起，請益則起。《論語》：不知爲不知。《學記》：凡學之道，嚴師爲難。師嚴然後道尊，道尊然後民知敬學。**子曰："夫孝，德之本也，**《爾雅》：善父母曰孝。《周禮》：孝德以知逆惡。〇孝行以親父母。《祭統》：孝者，畜也。順於道，不逆於倫，是之謂畜。《易》：復，德之本也。《易本命》：子曰："惟達道德者能原本之矣。"《穀梁傳》：故德厚者流光，德薄者流卑。是以貴始，德之本也。《衛將軍》：孔子曰："孝，德之始也；弟，德之序也；信，德之厚也；忠，德之正也。參也，中夫四德者矣哉！"以此稱之也。《曾子大孝》：夫仁者，仁此者也。義者，宜此者也。忠者，中此者也。信者，信此者也。禮者，體此者

也。行者，行此者也。强者，强此者也。《家语》：本立，然後爲君子，立身有義矣，而孝爲本。《論語》：君子務本，本立而道生。孝弟也者，其爲仁之本與！《中庸》：中也者，天下之大本也。《孟子》：事親，事之本也。《大學》：此謂知本，此謂知之至也。《保傅》：易曰："正其本，萬物理。失之毫釐，差之千里。"故君子慎始也。**教之所由生。**[眉批："教"字根於"孝"字。聖人始制文字，即從孝從文，故宇宙間舍孝不得言教也。]《中庸》：修道之謂教。《學記》：教也者，長善而救其失者也。《舜典》：慎徽五典，五典克從。○敬敷五教在寬。《皋陶謨》：天敍有典，勑我五典五惇哉！《武成》：重民五教。《洪範》：彜倫攸敘。《周官》：司徒掌邦教，敷五典。《君牙》：弘敷五典，式和民則。《左傳》：修其五教，親其九族。《周禮》：大司樂掌成均之灋，以治建國之學政，而合國之子弟焉。凡有道者、有德者，使教焉。《保傅》：素成胎教之道，書之玉板，藏之金匱，置之宗廟，以爲後世戒。《文王世子》：立大傅、少傅以養之，欲其知父子君臣之道也。大傅審父子君臣之道以示之，少傅奉世子以觀大傅之德行而審喻之。○是故知爲人子，然後可以爲人父；知爲人臣，然後可以爲人君；知事人，然後能使人。故父在斯爲子，君在斯謂之臣。居子與臣之節，所以尊君親親也。故學之爲父子焉，學之爲君臣焉，學之爲長幼焉。父子、君臣、長幼之道得而國治。《學記》：古之教者，家有塾，黨有庠，術有序，國有學。○大學之法，○教之所由興也。《大學》：大學之道，在明明德，在親民，在止於至善。知止而后有定。○"穆穆文王，於緝熙敬止"○爲人君，止於仁；爲人臣，止於敬；爲人子，止於孝；爲人父，止於慈；與國人交，止於信。○其家不可教，而能教人者，無之。《射義》：爲人父者，以爲父鵠；爲人子者，以爲子鵠；爲人君者，以爲君鵠；爲人臣者，以爲臣鵠。《家語》：孔子曰："君子有三恕：有君不能事，有臣而求其使，非恕也；有親不能孝，有子而求其報，非恕也；有兄不能敬，有弟而求其順，非恕也。士能明於三恕之本，則可以端身矣。"《曾子立孝》：故爲人子而不能孝其父者，不敢言人父不能畜其子者；

爲人弟而不能承其兄者，不敢言人兄不能順其弟者；爲人臣而不能事其君者，不敢言人君不能使其臣者也。故與父言，言畜子；與子言，言孝父；與兄言，言順弟；與弟言，言承兄；與君言，言使臣；與臣言，言事君。《祭統》：是故君子之教也，外則教之以尊其君長，内則教之以孝於其親。《祭義》：孝弟，發諸朝廷，行乎道路，至乎州巷，放乎獀狩，修乎軍旅，衆以義死之，而弗敢犯也。祀乎明堂，所以教諸侯之孝也；食三老五更於大學，所以教諸侯之弟也；祀先賢於西學，所以教諸侯之德也；耕藉，所以教諸侯之養也；朝覲，所以教諸侯之臣也。五者，天下之大教也。《主言》：上敬老則下益孝，上順齒則下益悌，上樂施則下益諒，上親賢則下擇友，上好德則下不隱，上惡貪則下恥争，上强果則下廉恥，民皆有别，則貞而正，亦不勞矣，此謂七教。七教者，治民之本也。《孟子》：謹庠序之教，申之以孝悌之義。〇教人以人倫，父子有親，君臣有義，夫婦有别，長幼有序，朋友有信。〇學則三代共之，皆所以明人倫也。人倫明於上，小民親於下。**復坐，吾語汝**。《論語》："居，吾語女。"數見《禮記》。**身體髮膚，受之父母，不敢毁傷，孝之始也**；《詩》：既明且哲，以保其身。《緇衣》：心以體全，亦以體傷。《哀公問》：敬身爲大。身也者，親之枝也，敢不敬與？不能敬其身，是傷其親；傷其親，是傷其本；傷其本，枝從而亡。《左傳》：孝，禮之始也。《曾子本孝》：孝子不登高，不履危。險途隘巷，不求先焉，以愛其身，以不敢忘其親也。《家語》：曾子耘瓜，誤斬其根。曾皙怒，建大杖以擊其背。曾子仆地，而不知人，久之乃蘇，欣然而起，進於曾皙曰："嚮也參得罪於大人，用力教參，得無疾乎？"退而就房，援琴而歌，欲令曾皙聞之，知其體康也。孔子聞之而怒，告弟子曰："參來，勿内。"曾參自以爲無罪，使人請於孔子，孔子曰："女不聞乎？昔舜之事瞽瞍，欲使之，未嘗不在側；索而殺之，未嘗可得。小捶則待過，大杖則逃走，故瞽瞍不犯不父之罪，而舜不失烝烝之孝。今參事父，委身以待暴怒，殪而不避，身既死而陷父於不義，其不孝孰大焉？女非天子之民乎？殺天子之民，其罪奚若？"曾參聞之，曰："參罪大矣！"遂造孔子而謝過。《曾子大孝》：樂正子春下堂而傷其足，傷瘳，數月不出，猶有憂色。門弟子問曰："夫子傷足瘳矣，數月不出，猶有憂色，何也？"樂正子春曰："善，如爾之問也。吾聞之曾子，曾子聞諸夫子曰：'天之所生，地之所養，人爲大矣。父母全而生之，子全而歸之，可謂孝矣；不虧其體，可謂全矣。'故君子頃步不敢忘也。今予忘夫孝之道矣，予是以有憂色。"故君子一舉足，不敢忘父母；一出言，不敢忘父母。一舉足不敢忘父母，故道而不徑，舟而不游，不敢以先父母之遺體行殆也；一出言不敢忘父母，是故惡言不出於口，忿言不及於己，然後不辱其身，不憂其親，可謂孝矣。王充《論衡》：曾子出薪於野，有客至而欲去，曾母曰："願留，參方到。"即以右手搤其左臂，曾子左臂立痛，即馳至。問母："臂何故痛？"母曰："今者客來欲去，吾搤臂以呼女耳。"干寶《搜神記》：曾子從仲尼在楚而心動，辭歸問母，母曰："思爾齧指。"孔子曰："曾參之孝，精感萬里。"《論語》：無求生以害仁，有殺生以成仁。《孟子》：是故君子有終身之憂，無一朝之患也。《左傳》：始基之矣。**立身行道，揚名於後世，以顯父母，孝之終也**。《中庸》：修身以道，修道以仁。仁者人也，親親爲大。〇反諸身不誠，不順乎親矣。誠身有道，不明乎善，不誠乎身矣。《孟子》：仁也者，人也。合而言之，道也。《祭義》：孝有三，小孝用力，中孝用勞，大孝不匱。思慈愛忘勞，可謂用力矣；尊仁安義，可謂用勞矣；博施備物，可謂不匱矣。《祭統》：顯揚先祖，所以崇孝也；身比焉，順也；明示後世，教也。《論語》：曾子曰："士不可以不弘毅，任重而道遠。仁以爲己任，不亦重乎？死而後已，不亦遠乎？"《大學》：物有本末，事有終始，知所先後，則近道矣。《蔡仲之命》：慎厥初，惟厥終，終以不困。不惟厥終，終以困窮。《易》：《易》之爲書也，原始要終。**夫孝，始於事親，**《内則》：子事父母，雞初鳴，咸盥漱、櫛、縰、笄、總。〇婦事舅姑，如事父母。〇及所，下氣怡聲，問衣燠寒，疾痛苛癢，而敬抑搔之。出入，則或先或後，而敬扶持之。進盥，少者奉槃，長者奉水，請沃盥，盥卒授巾。問所欲而敬進之，柔色以温之。《曲禮》：凡爲人子之禮，冬温而夏凊，昏定而晨省。《坊記》：子云："父母在，不稱老。言孝，不言慈。閨門之内，戲而不嘆。〇父母在，不敢有其身，不敢私其財也。"《論語》：父母在，不遠遊。遊必有方。父母之年，不可不知也。一則以喜，一則以懼。〇事父母，能竭其力。《家語》：孔子適齊，中路聞哭者之聲，其音甚哀。孔子下車，追而問曰："子何哭之悲也？"丘吾子曰："吾有三失，晚而自覺，悔之何及。吾少時好學，周遍天下，後還，喪吾親，是一失也；長事齊君，君驕奢失士，臣節不遂，是二失也；吾平生厚交，而今皆離絶，是三失也。夫樹欲静而風不停，子欲養而親不待。往而不來者，年也；不可再見者，親也。請從此辭。"遂投水而死。孔子曰："小子識之，斯足爲戒矣。"自是弟子辭歸養親者十有三。**中於事君，**《穀梁傳》：繼天者君也，君之所存者命也。《曾子立孝》：君子立孝，其忠之用。《論語》：事君能致其身。《孟子》：不以舜之所以事堯事君，不敬其君者也。**終於立身。**《内則》：孝子之身終，終身也者，非終父母之身，終其身也。《曾子大孝》：民之本教曰孝，其行之曰養。養可能也，敬爲難；敬可能也，安爲難；安可能也，久爲難；久可能也，卒爲難。父母既殁，慎行其身，不遺父母惡名，可謂能終也。《本孝》：故孝子之事親也，居易以俟命，不興險行以儌幸；孝子游之，暴人違之；出門而使，不以或爲父母憂也。《内则》：父母雖没，將爲善，思貽父母令名，必果；將爲不善，思貽父母羞辱，必不果。《祭義》：竭力從事以報其親，不敢弗盡也。《論語》：無臣而爲有臣。吾欺誰？欺天乎？《衛將軍》：子貢曰："夙興夜寐，諷誦崇禮，行不貳過，稱言不苟，是顔淵之行也。孔子説之以《詩》，云：'媚兹一人，應侯順德。永言孝思，孝思維則。'"《孟子》：曾皙嗜羊棗，而曾子不忍食羊棗。《論語》：曾子有疾，召門弟子曰："啓予足！啓予手！《詩》云：'戰戰兢兢，如臨深淵，如履薄冰。'而今而後，吾知免夫！小子！"《檀弓》：曾子寢疾，病。樂正子春坐於牀下，曾元、曾申坐於足，童子隅坐而執燭。童子曰："華而睆，大夫之簀與？"子春曰："止！"曾子聞之，瞿然曰："呼！"曰："華而睆，大夫之簀與？"曾子曰："然。斯季孫之賜也，我未之能易也。元，起易簀。"曾元曰："夫子之病革矣，不可以變，幸而至於旦，請敬易之。"曾子曰："爾之愛我也不如彼。君子之愛人也以德，細人之愛人也以姑息。吾何求哉？吾得正而斃焉斯已矣。"舉扶而易之。反席未安而没。《孟子》：大孝終身慕父母。**《大雅》云："'毋念爾祖，聿修厥德。'"**順治御注：《大雅》，《詩·文王》之篇，周公追述文王之德，以告成王者。夫子引此，以見爲子孫當念其祖宗，而聿修其德，則孝之道始可盡也。

子曰："愛親者，不敢惡於人，《哀公問》：古之爲政，愛人爲大。不能愛人，不能有其身；不能有其身，不能安土；不能安土，不能樂天；不能樂天，不能成身。《易》：安土敦乎仁，故能愛。《樂記》：心中斯須不和不樂，而鄙詐之心入之矣。《大學》：身有所忿懥，则不得其正。〇人之其所親愛而辟焉，之其所賤惡而辟焉。**敬親者，不敢慢於人。**《左傳》：敬，德之聚也。《曲禮》：毋不敬。《祭統》：身致其誠信，誠信之謂盡，盡之謂敬。《旅獒》：德盛不狎侮。狎侮君子，罔以盡人心；狎侮小人，罔以盡其力。《緇衣》：夫民閉於人而有鄙心，可敬不可慢，易於溺人，故君子不可以不慎也。《樂記》：外貌斯須不莊不敬，而易慢之心入之矣。《大學》：有所好樂，則不得其正。〇之其所畏敬而辟焉，之其所敖惰而辟焉。《論語》：子見齊衰者、冕衣裳者與瞽者，見之，雖少，必作；過之，必趨。見齊衰者，雖狎，必變。見冕者與瞽者，雖褻，必以貌。凶服者式之。式負版者。[眉批：闡解：狎指齊衰者，褻指冕者與瞽者。言彼雖狎褻不恭，而聖人未嘗廢而不起敬也。聖人凡見凶服者，式之。若有凶服向前行者，亦皆式之乎？因見其背負版者，故式之。蓋孝子之服，當心前有衰，後有負版是也。以見聖人自然之孝，竦然不懈，所以敬親以及人之親也。]《曾子制言》：禹見耕者五耦而式，過十室之邑則下，爲秉德之士存焉。**愛敬盡於事親，而德教加於百姓，刑於四海，**《禹謨》：惟德動天，無遠弗居。《伊訓》：今王嗣厥德，罔不在初。立愛惟親，立敬惟長，始于家邦，終于四海。《哀公問》：弗愛不親，弗敬不正，愛與敬，其政之本與？《祭義》：立愛自親始，教民睦也。立敬自長始，教民順也。教以慈睦，而民貴有親。教以敬長，而民貴用命。孝以事親，順以聽命。錯諸天下，無所不行。《曾子立孝》：君子之孝也，忠愛以敬；反是，亂也。盡力而有禮，莊敬而安之。《孟子》：仁者愛人，有禮者敬人。愛人者人恒愛之，敬人者人恒敬之。**蓋天子之孝**。《曲禮》：君天下，曰天子。《洪範》：天子作民父母，以爲天下王。《堯典》：欽明文思安安，允恭克讓，光被四表，格於上下。克明俊德，以親九族。師錫帝曰："有鰥在下，曰虞舜。"帝曰："俞，予聞。如何？"岳曰："瞽子。父頑，母嚚，象傲，克諧以孝，烝烝乂，不格姦。"《五帝德》：舜之少也，惡瘁勞苦，二十以孝聞於天下。《中庸》：子曰："舜其大孝也與？德爲聖人，尊爲天子。"《孟子》：舜盡事親之道而瞽瞍底豫，瞽瞍底豫而天下化，瞽瞍底豫而天下之爲父子者定，此之謂大孝。〇舜視棄天下，猶棄敝蹝也。《祭法》：禹能修鯀之功。《論語》：舜禹之有天下也，而不與焉。《仲虺之誥》：德日新，萬邦惟懷；志自滿，九族乃離。王懋昭大德，建中于民，以義制事，以禮制心，垂裕後昆。《太甲》：王徂桐宫居憂，克終允德。〇王懋乃德，視乃烈祖，無時豫怠，奉先思孝。《文王世子》：文王之爲世子，朝於王季，日三。鷄初鳴而衣服，至於寢門外，問内豎之御者曰："今日安否何如？"内豎曰："安。"文王乃喜。及日中，又至，亦如之；及莫[原注：暮。]，又至，亦如之。其有不安節，則内豎以告文王。文王色憂，行不能正履，王季復膳，然後亦復初。食上，必在視寒暖之節；食下，問所膳。命膳宰曰："末有原！"應曰："諾。"然後退。武王帥而行之，不敢有加焉。文王有疾，武王不説[原注：脱。]冠帶而養，文王一飯亦一飯，再飯亦再飯。旬有二日乃間。〇成王幼，不能涖阼。周公相，踐阼而治。抗世子法於伯禽，欲令成王之知父子、君臣、長幼之道也。成王有過，則撻伯禽，所以示成王世子之道也。《詩》：於乎皇考，永世克孝。《中庸》：文王之所以爲文也，純亦不已。〇子曰："武王、周公其達孝矣乎！"〇仲尼祖述堯舜，憲章文武。《論語》：子曰：“君子道者三，我無能焉。”《中庸》：君子之道四，丘未能一焉。《表記》：中心安仁者，天下一人而已矣。《孟子》：天子不仁，不保四海。**《甫刑》云：‘一人有慶，兆民賴之。’”**順治御注：《甫刑》，即《書經·吕刑篇》。一人，謂天子。兆民，謂百姓四海。孔子引《吕刑》之言，謂一人有愛敬之善，則兆民皆仰賴之，以見天子合天下之孝以爲孝也。

在上不驕，高而不危；《周官》：居寵思危，罔不惟畏。《易》：是故居上位而不驕，在下位而不憂，故乾乾因其時而惕，雖危無咎矣。《曲禮》：敖不可長，欲不可從。《曾子立事》：居上位而不淫，從事而栗者，鮮不濟矣。《家語》：美功不伐，貴信不善，不侮不佚，不傲無告，是顓孫師之行也。**制節謹度，滿而不溢。**《易》：節以制度，不傷財，不害民。《曲禮》：志不可滿，樂不可極。《王制》：以三十年之通制國用，量入以爲出。《家語》：孔子觀於魯桓公之廟，有攲器焉。虚則攲，中則正，滿則覆。明君以爲至誠，故常置於坐側。子路曰：“敢問持滿有道乎？”孔子曰：“聰明睿知，守之以愚；功蓋天下，守之以讓；勇力振世，守之以怯；富有四海，守之以謙。此所謂損之又損之之道也。”〇滿而不盈，實而如虚，過之如不及，是曾參之行也。**高而不危，所以長守貴；滿而不溢，所以長守富。**《禹謨》：克勤于邦，克儉于家，不自滿假，惟汝賢。汝惟不矜，天下莫與汝争能。汝惟不伐，天下莫與汝争功。滿招損，謙受益，時乃天道。《周官》：位不期驕，禄不期侈。《家語》：孔子讀《易》至於損益，喟然而嘆曰：“夫自損者必有益，自益者必有決之。道彌益而身彌損。夫學者損其自多，以虚受人，故能成其滿博也。天道成而必變，凡持滿而能久者，未嘗有也。”《曾子制言》：君子以仁爲尊，則天下之爲富，何爲富？則仁爲富也；天下之爲貴，何爲貴？則仁爲貴也。**富貴不離其身，然後能保其社稷，而和其民人，**《王制》：諸侯祭社稷。《祭法》：是故厲山氏之有天下也，其子曰農，能殖百穀；夏之衰也，周弃繼之，故祀以爲稷。共工氏之霸九州也，其子曰后土，能平九州，故祀以爲社。《詩》：宜民宜人。

蓋諸侯之孝。《爾雅》：侯，君也。《孟子》：諸侯不仁，不保社稷。**《詩》云："戰戰兢兢，如臨深淵，如履薄冰。"** 順治御注：《詩·小雅·小旻》之篇。引此以見爲諸侯者，常須戒懼，如臨淵恐墜，履冰恐陷，方能不危不溢，以盡其孝道也。

非先王之法服不敢服，《王制》：革制度衣服者爲畔，畔者君討。《少儀》：衣服在躬，而不知其名爲罔。《孟子》：遵先王之法而過者，未之有也。**非先王之法言不敢道，非先王之德行不敢行。是故非法不言，非道不行；**《易》：言出乎身，加乎民；行發乎邇，見乎遠。言行，君子之機樞。機樞之發，榮辱之主也。言行，君子之所以動天地也，可不慎乎？《論語》：古者言之不出，恥躬之不逮也。〇其言之不怍，則爲之也難。爲之難，言之得無訒乎？《曾子立事》：言者，行之指也。作於中，則播於外也。《曾子疾病》：言不遠身，言之主也；行不遠身，行之本也。《家語》：孔子觀於周廟，有金人焉。參緘其口，而銘其背曰："古之慎言人也。戒之哉！戒之哉！無多言，多言多敗。無多事，多事多患。安樂必戒，無所行悔。"《表記》：是故君子恥服其服而無其容，恥有其容而無其辭，恥有其辭而無其德，恥有其德而無其行。《孟子》：子服堯之服，誦堯之言，行堯之行，是堯而已矣。**口無擇言，身無擇行；言滿天下無口過，行滿天下無怨惡。**《禹謨》：惟口出好興戎。《吕刑》：敬忌罔有擇言在身。《哀公問》：行中矩繩，而不傷於本；言足法於天下，而不害於其身。〇君子言不過辭，動不過則。《緇衣》：故大人不倡游言。可言也，不可行，君子弗言也；可行也，不可言，君子弗行也。則民言不危行，而行不危言矣。〇君子道人以言，而禁人以行。故言必慮其所終，而行必稽其所敝。則民謹於言，而慎於行。《論語》：言寡尤，行寡悔。〇言忠信，行篤敬，雖蠻貊之邦行矣。言不忠信，行不篤敬，雖州里，行乎哉？《曾子本孝》：孝子惡言死焉，流言止焉，美言興焉。《中庸》：行而世爲天下法，言而世爲天下則。〇國有道，其言足以興；國無道，其默足以容。**三者備矣，然後能守其宗廟，**《王制》：大夫三廟，一昭，一穆，與太祖之廟而三。〇宗廟有不順者爲不孝。《中庸》：宗廟之禮，所以祀乎其先也。《爾雅》：室有東西廂曰廟。**蓋卿大夫之孝也。**《孟子》：卿大夫不仁，不保宗廟。**《詩》云："夙夜匪解，以事一人。"** 順治御注：《詩·大雅·烝民》之篇。一人，謂君也。引此以明爲卿大夫者，能早夜不惰，敬事其君，則戒懼之心常存，自無失也。

資於事父以事母，而愛同；資於事父以事君，而敬同。《四制》：資於事父以事君，而敬同。貴貴尊尊，義之大者也。故爲君亦斬衰三年，以義制者也。資於事父以事母，而愛同。天無二日，土無二王，國無二君，家無二尊，以一治之也。《文王世子》：君之於世子也，親則父也，尊則君也。有父之親，有君之尊。《孟子》：未有仁而遺其親者也，未有義而後其君者也。**故母取其愛，而君取其敬，兼之者父也。**《易》：大哉乾元！萬物資始，乃統天。〇至哉坤元！萬物資生，乃順承天。《郊特牲》：故婦人無爵，從夫之爵。**故以孝事君則忠，以敬事長則順。**《曾子本孝》：忠者，其孝之本與？《祭統》：忠臣以事其君，孝子以事其親，其本一也。《論語》：弟子入則孝，出則弟。〇出則事公卿，入則事父兄。《曾子立孝》：孝子善事君，弟弟善事長，君子一孝一弟，可謂知終矣。**忠順不失，以事其上，然後能保其爵禄，而守其祭祀，**《朝事》：民知尊君敬上，而忠順之行備矣。《王制》：任事然後爵之，位定然後禄之。大夫士宗廟之祭，有田則祭，無田則薦。《穀梁傳》：天子至於士皆有廟。**蓋士之孝也。**《曾子本孝》：士之孝也，以德從命。《孟子》：士庶人不仁，不保四體。**《詩》云："夙興夜寐，無忝爾所生。"** 順治御注：《詩·小雅·小宛》之篇。所生，謂父母。引此以見爲士者當小心勉力，早起夜寐，求無辱其父母，而無辱之道，則在於忠順不失也。

子曰：用天之道，因地之利，《少閑》：時天之氣，用地之財。《禮器》：合於天時，設於地財。《孔子閑居》：天有四時，春秋冬夏，風雨霜露，無非教也。《爾雅》：春爲發生，夏爲長贏，秋爲收成，冬爲安寧。四時和，爲通正。《周禮》：辨其山林、川澤、丘陵、墳衍、原隰之名物。因此五物者，民之常。**謹身節用，以養父母，**《誥志》：天生物，地養物，物備興，而日用常節。《少閒》：庶人仰視天文，俯視地理，力時使，以聽乎父母。**此庶人之孝也。**《曾子本孝》：庶人之孝也，以力惡食。**故自天子以下，至於庶人，孝無終始，而患不及者，未之有也。**《大學》：自天子以至於庶人，壹是皆以修身爲本。《中庸》：思修身不可以不事親。《咸有一德》：始終惟一，時乃日新。《論語》：有能一日用其力於仁矣乎，我未見力不足者。蓋有之矣，我未之見也。

曾子曰："甚哉！孝之大也。"《孟子》：充實而有光輝之謂大。**子曰："夫孝，天之經，地之義，民之行。**《易》：《易》之爲書也，廣大悉備。有天道焉，有人道焉，有地道焉。兼三才而兩之，故六。六者非它也，三才之道也。〇昔者聖人之作《易》也，將以順性命之理。是以立天之道曰陰與陽，立地之道曰柔與剛，立人之道曰仁與義。兼三才而兩之。《周書》：天道尚左，日月西移。地道尚右，水道東流。人道尚中，耳目役心。心有四佐，不和曰廢。《四代》：有天德，有地德，有人德，此謂三德。三德率行，乃有陰陽；陽曰德，陰曰刑。〇所謂民與天地相參者，何謂也？子曰："天道以視，地道以履，人道以稽。廢一曰失統。"《虞戴德》：昭天之福，迎之以祥；作地之福，制之以昌；興民之德，守之以長。《月令》：毋變天之道，毋絶地之理，毋亂人之紀。《左傳》：夫禮，天之經也，地之義也，民之行也。**天地之經，而民是則之。則天之明，因地之義，以順天下。**《三年問》：上取象於天，下取法於地，中取則於人，人之所以群居和壹之理盡矣。《禮運》：故聖人作則，必以天地爲本。《易》：日月麗乎天，百穀草木麗乎土，重明以麗乎正，乃化成天下。《左傳》：天地之經，而民實則之。則天之明，因地之性。**是以其教不肅而成，其政不嚴而治。**《君牙》：爾身克正，罔敢弗正，民心罔中，惟爾之中。《哀公問》：政者，正也。君爲政，則百姓從政矣。君之所爲，百姓之所從也。君所不爲，百姓何從？

《孟子》：善政，不如善教之得民也。善政民畏之，善教民愛之。**先王見教之可以化民也，**《伊訓》：先王肇修人紀。《中庸》：聲色之於以化民，末也。**是故先之以博愛，而民莫遺其親；**《論語》：子路問政。子曰："先之。"○君子篤於親，則民興於仁。《國語》：親，民之結也。民無結不可以固。《孟子》：堯舜之知而不徧物，急先務也；堯舜之仁不徧愛人，急親賢也。**陳之以德義，而民興行；**《表記》：仁者，人也。道者，義也。《禮運》：義者，藝之分，仁之節也。協於藝[1]，講於仁，得之者强。仁者，義之本也，順之體也，得之者尊。《主言》：是故聖人等之以禮，立之以義，行之以順，而民棄惡也如灌。《大學》：未有上好仁而下不好義者也，未有好義其事不終者也。《王制》：尊君親上，然後興學。司徒修六禮以節民性，明七教以興民德，齊八政以防淫，一道德以同俗，養耆老以致孝，恤孤獨以逮不足，上賢以崇德，簡不肖以絀惡。**先之以敬讓，而民不争；**《周禮》：一曰以祀禮教敬，則民不苟；二曰以陽禮教讓，則民不争。《文王世子》：故世子齒於學，國人觀之曰："將君我而與我齒讓，何也？"曰："有父在，則禮然。"然而衆知父子之道矣。其二曰："將君我而與我齒讓，何也？"曰："有君在，則禮然。"然而衆著於君臣之義也。其三曰："將君我而與我齒讓，何也？"曰："長長也。"然而衆知長幼之節矣。《朝事》：敬讓也者，君子之所以相接也。諸侯相接以敬讓，則不相侵陵也。《祭義》：天子有善，讓德於天；諸侯有善，歸諸天子；卿大夫有善，薦於諸侯；士庶人有善，本諸父母，存諸長老，禄爵慶賞，成諸宗廟，所以示順也。《坊記》：善則稱人，過則稱己，則民不争。○善則稱人，過則稱己，則民讓善。○善則稱君，過則稱己，則民作忠。○善則稱親，過則稱己，則民作孝。○君子貴人而賤己，先人而後己，則民作讓。○有國家者，貴人而賤禄，則民興讓。《大學》：一家仁，一國興仁；一家讓，一國興讓。《家語》：耕者讓畔，行者讓路。**導之以禮樂，而民和睦；**《周禮》：以五禮防萬民之僞而教之中，以六樂防萬民之情而教之和。《郊特牲》：樂由陽來者也，禮由陰作者也，陰陽和而萬物得。《仲尼燕居》：禮也者，理也；樂也者，節也。君子無理不動，無節不作。《朝事》：諸侯相與習禮樂，則德行修而不流也。《論語》：禮樂不興，則刑罰不中；刑罰不中，則民無所措手足。**示之以好惡，而民知禁。**《尚書》：彰善癉惡，樹之風聲。《周禮》：以兩造禁民訟。《王制》：命太史陳詩，以觀民風，命市納賈，以觀民之好惡。《樂記》：將以教民平好惡，而反人道之正也。《大學》：民之所好好之，民之所惡惡之。《緇衣》：下之事上也，不從其所令，從其所行。上好是物，下必有甚焉者矣。故上之所好惡，不可不慎也，是民之表也。〇故君民者，章好以示民俗，慎惡以御民之淫。《檀弓》：國奢則示之以儉，國儉則示之以禮。**《詩》云：'赫赫師尹，民具爾瞻。'"** 順治御注：《詩·小雅·節南山》之篇。師尹，周太師尹氏也。引此謂師尹不過大臣，尚且爲民瞻望，况有天下者以身行教化，又何難於化民成俗乎？由是而知教民於上，化行於下，觀感興起之益，良匪淺也。

子曰："昔者明王之以孝治天下也，《尚書》：明王慎德。《穀梁傳》：王者，民之所歸往也。《檀弓》：明王不興，而天下其孰能宗予？**不敢遺小國之臣，而况於公、侯、伯、子、男乎？**《周禮》：以脤膰之禮，親兄弟之國；以賀慶之禮，親異姓之國。〇右九棘，公、侯、伯、子、男位焉。**故得萬國之歡心，以事其先王。**《益稷》：弼成五服，至于五千。州十有二師，外薄四海，咸建五長。《左傳》：禹合諸侯於塗山，執玉帛者萬國。《易》：先王以建萬國，親諸侯。**治國者，不敢侮於鰥寡，而况於士民乎？**《無逸》：懷保小民，惠鮮鰥寡。自朝至于日中昃，不遑暇食，用咸和萬民。《王制》：少而無父者謂之孤，老而無子者謂之獨，老而無妻者謂之矜[原注：鰥。]，老而無夫者謂之寡。此四者，天民之窮而無告者也，皆有常餼。《禮運》：使老有所終，壯有所用，幼有所長，矜寡孤獨廢疾者，皆有所養。《孟子》：文王發政施仁，必先斯四者。**故得百姓之歡心，以事其先君。**《禹謨》：罔違道以干百姓之譽，罔咈百姓以從己之欲。《哀公問》：君子也者，人之成名也。百姓歸之名，謂之君子之子。是使其親爲君子也，是爲成其親名也已。**治家者，不敢失於臣妾，而况於妻子乎？**《左傳》：男爲人臣，女爲人妾。《内則》：子有二妾，父母愛一人焉，子愛一人焉，由衣服飲食，由執事，毋敢視父母所愛，雖父母没不衰。子甚宜其妻，父母不悦，出。子不宜其妻，父母曰"是善視我"，子行夫婦之禮焉，没身不衰。〇是故父母之所愛亦愛之，父母之所敬亦敬之，至於犬馬盡然，而况於人乎！**故得人之歡心，以事其親。**《中庸》：宜爾室家，樂爾妻帑。子曰："父母其順矣乎。"《坊記》：睦於父母之黨，可謂孝矣。**夫然，故生則親安之，祭則鬼享之。**《祭義》：文王之祭也，事死者如事生，思死者如不欲生，忌日必哀。**是以天下和平，災害不生，禍亂不作。故明王之以孝治天下如此。**《國語》：樂從和，和從平。聲應相保曰和，細大不踰曰平。《伊訓》：古有夏先后，方懋厥德，罔有天災。山川鬼神，亦莫不寧，暨鳥獸魚鼈咸若。《易》：聖人感人心，而天下和平。《盛德》：聖王之盛德，人民不疾，六畜不疫，五穀不災，諸侯無兵而正，小民無刑而治，蠻夷懷服。《孟子》：以善養人，然後能服天下。**《詩》云：'有覺德行，四國順之。'"** 順治御注：《詩·大雅·抑》之篇。引此言天子有明大之德，則四方之國皆順從之。蓋天子以至德要道，以順天下，四方皆感之，無不順，乃理勢之必然，孝治之所以化民也。

曾子曰："敢問聖人之德，其無以加於孝乎？"《曾子立事》：問必以其序，問而不決，承閒觀色而復之。《曾子天圓》：倮蟲之精者爲聖人。《哀公問》：所謂聖人者，知通乎大道，應變而不窮，能測萬物之性情者也。**子曰："天地之性人爲貴。**《泰誓》：惟天地萬物父母，惟人萬物之靈。《周禮》：以天産作陰德，以中禮防之；以地産作陽德，以和樂防之。以禮樂合天地之化。《曾子天圓》：天之所生上首，地之所生下首，上首謂之圓，下首謂之方。《易》：天地之大德曰生。《易本命》：子曰："夫易者生，人、禽、獸、萬物、昆蟲各有以生。或奇或偶，或飛或行，而人莫知其情；惟達道德者，能原本之矣。"天一，地二，人三；三三而九，九九八十一；一主日，日數十，故人十月而生。〇倮之蟲三百六十，而人爲之長，此乾坤之美類，禽獸萬物之數也。《家語》：天有五行，木、金、水、火及土，分時化育，以成萬物。其神謂之五帝。五行用事，先起於木。木，東方也。萬物之初皆出焉。《禮運》：故人者，其天地之德，陰陽之交，鬼神之會，五行之秀氣也。〇故人者，天地之心也，五行之端也，食味别聲被色而生者也。《淮南子》：煩氣爲蟲，精氣爲人。夫精神者，所受於天也；形體者，所稟於地也。故曰："一生二，二生三，三生萬物。萬物背陰而抱陽，沖氣以爲和。"故曰一月而膏，二月而胅[原注：跌。]，三月而胎，四月而肌，五月而筋，六月而骨，七月而成，八月而動，九月而躁，十月而生。形體以成，五藏乃形，是故肺主目，腎主鼻，膽主口，肝主耳。外爲表而内爲裏，開閉張歙，各有經紀。故頭之圓也象天，足之方也象地。天有四時、五行、九解[原注：八方中央。]三百六十六日，人亦有四肢、五藏、九竅三百六十六節。天有風雨寒暑，人亦有取與喜怒。故膽爲雲，肺爲氣，肝爲風，腎爲雨，脾爲雷，以與天地相參也，而心爲之主。是故耳目者日月也，血氣者風雨也。〇人性欲平，嗜欲害之。唯聖人能遺物而反已。夫乘舟而惑者，不知東西，見斗極則寤矣。夫性，亦人之斗極也，有以自見也，則不失物之情；無以自見，則動而惑營。《湯誥》：惟皇上帝，降衷于下民。若有恒性。《中庸》：天命之謂之性。《樂記》：人生而静，天之性也；感於物而動，性之欲也。物至知[原注：智。]知。《本命》：分於道，謂之命；形於一，謂之性；化於陰陽，象形而發，謂之生；化窮數盡，謂之死。故命者，性之終也。有始則必有終矣。《左傳》：民受天地之中以生，所謂命也。《祭法》：大凡生於天地之間者，皆曰命。《易》：窮理盡性，以至於命。《孟子》：盡其心者，知其性也。知其性，則知天矣。存其心，養其性，所以事天也。殀壽不貳，脩身以俟之，所以立命也。〇盡其道而死者，正命也。〇告子曰："生之謂性。"〇然則犬之性，猶牛之性；牛之性，猶人之性與？ 〇人之所以異於禽獸者幾希。**人之行莫大於孝，**《曾子大孝》：夫孝者，天下之大經也。夫孝，置之而塞於天地，衡之而衡於四海［原注：《祭義》"衡"字作"溥"字，下"衡"字作"横"字。］，施諸後世而無朝夕，推而放諸東海而準，推而放諸西海而準，推而放諸南海而準，推而放諸北海而準。《易》：《易》與天地準，故能彌綸天地之道。《中庸》：唯天下至誠，爲能盡其性；能盡其性，則能盡人之性；能盡人之性，則能盡物之性；能盡物之性，則可以贊天地之化育；可以贊天地之化育，則可以與天地參矣。《孟子》：夫仁，天之尊爵也，人之安宅也。《中庸》：仁者人也，親親爲大。《孟子》：養其大者爲大人。○大人者，不失其赤子之心者也。○雖存乎人者，豈無仁義之心哉？○居仁由義，大人之事備矣。○舜明於庶物，察於人倫。由仁義行，非行仁義也。○凡有四端於我者，知皆擴而充之矣，若火之始然，泉之始達。苟能充之，足以保四海；苟不充之，不足以事父母。○其爲氣也，至大至剛，以直養而無害，則塞於天地之間。其爲氣也，配義與道。無是，餒也。是集義所生者，非義襲而取之也。行有不慊於心，則餒矣。**孝莫大於嚴父，嚴父莫大於配天，**《曾子大孝》：孝有三：大孝尊親，其次不辱，其下能養。《中庸》：天之所覆，地之所載，日月所照，霜露所隊；凡有血氣者，莫不尊親，故曰配天。《孟子》：孝子之至，莫大乎尊親；尊親之至，莫大乎以天下養。**則周公其人也。**《文王世子》：爲人臣者，殺其身有益於君則爲之，况于其身以善其君乎？周公優爲之。《中庸》：周公成文武之德，追王大王、王季，上祀先公以天子之禮。**昔者周公郊祀后稷以配天，宗祀文王於明堂以配上帝，**《爾雅》：邑外謂之郊。《君奭》：故殷禮陟配天。《詩序》：《思文》，后稷配天也。○《我將》，祀文王於明堂也。《太甲》：先王惟時懋敬厥德，克配上帝。《詩》：維此文王，小心翼翼，克配上帝。《郊特牲》：萬物本乎天，人本乎祖，此所以配上帝也。郊之祭也，大報本反始也。《朝事》：率而配天於南郊，配以先祖，所以教民報德，不忘本也。率而享祀於太廟，所以教孝也。《祭義》：唯聖人爲能饗帝，孝子爲能饗親。《中庸》：郊社之禮，所以祀上帝也。宗廟之禮，所以祀乎其先也。明乎郊社之禮、禘嘗之義，治國其如示諸掌乎！**是以四海之**

內，各以其職來助祭。《益稷》：帝光天之下，至於海隅蒼生，萬邦黎獻，共惟帝臣。《禮器》：三牲魚腊，四海九州之美味也，籩豆之薦，四時之和氣也。《祭統》：凡天之所生，地之所長，苟可薦者，莫不咸在，示盡物也。外則盡物，內則盡志，此祭之心也。《詩序》：《烈文》，成王即政，諸侯助祭也。○《臣工》，諸侯助祭，遣於廟也。《振鷺》，二王之後，來助祭也。**夫聖人之德，又何以加於孝乎？**《金縢》：今天動威，以彰周公之德。《鄉飲酒義》：德也者，得於身也。故曰："古之學術道者，將以得身也。是故聖人務焉。"《哀公問》：仁人不過乎物，孝子不過乎物。是故仁人之事親也如事天，事天如事親，是故孝子成身。《中庸》：大哉聖人之道，洋洋乎發育萬物，峻極於天。○唯天下至誠，爲能經綸天下之大經，立天下之大本。○中也者，天下之大本也。《曾子大孝》：夫孝者，天下之大經也。《孔叢子》：孔子讀《詩》及《小雅》，喟然而嘆曰：吾於《周南》《召南》，見周道之所以盛也。《孟子》：聖人，人倫之至也。○心之所同然者何也？謂理也，義也。聖人先得我心之所同然耳。○孟子道性善，言必稱堯舜。○堯舜之道，孝弟而已矣。**故親生之膝下，以養**《召誥》：若生子，罔不在厥初生。《詩》：乃生男子，載寢之牀，載衣之裳，載弄之璋。○乃生女子，載寢之地，載衣之裼，載弄之瓦。《內則》：子生，男子設弧於門左，女子設帨於門右。《射義》：故男子生，桑弧蓬矢六，以射天地四方。天地四方者，男子之所有事也。故必先有志於其所有事，然後敢用穀也。飯食之謂也。《郊特牲》：飲，養陽氣也，故有樂；食，養陰氣也，故無聲。凡聲，陽也。《本命》：生而不具者五：目無見、不能食、不能行、不能言、不能化。三月而徹眴，然後有見；八月生齒，然後食；期而生臏，然後能行；三年膳合，然後能言；十有六而精通，然後能化。陰窮反陽，陽窮反陰。故陰以陽化，陽以陰變。故男八月生齒，八歲而毀齒，一陰一陽，然後成道；二八十六，然後精通，然後其施行。女七月生齒，七歲而齒毀；二七十四，然後其化成。合於三也，小節也。《孟子》：人少，則慕父母。**父母日嚴。**《易》：家人，有嚴君焉，父母之謂也。《表記》：母親而不尊，父尊而不親。[附古文注：膝下以養，人心自然之愛；父母日嚴，人心自然之敬。]**聖人因嚴以教敬，因親以教愛。**《大傳》：聖人南面而治天下，必自人道始矣。《樂記》：禮者，殊事合敬者也；樂者，異文合愛者也。《表記》：厚於仁者薄於義，親而不尊；厚於義者薄於仁，尊而不親。《大傳》：上治祖禰，尊尊也。下治子孫，親親也。旁治昆弟，合族以食，序以昭繆，别之禮義，人道竭矣。○自仁率親，等而上之至于祖。自義率祖，順而下之至於禰。是故人道，親親也。親親故尊祖，尊祖故敬宗，敬宗故收族，收族故宗廟嚴，宗廟嚴故重社稷，重社稷故愛百姓，愛百姓故刑罰中，刑罰中故庶民安，庶民安故財用足，財用足故百志成，百志成故禮俗刑，禮俗刑然後樂。《孟子》：聖人之於民，亦類也。○孩提之童，無不知愛其親也；及其長也，無不知敬其兄也。親親，仁也；敬長，義也。無他，達之天下也。○道在邇而求諸遠，事在易而求諸難。人人親其親、長其長而天下平。**聖人之教不肅而成，其政不嚴而治，其所因者本也。**《主言》：上者，民之表也。表正，則何物不正？是故君先立於仁。《禮三本》：禮有三本，天地者，性之本也；先祖者，類之本也；君師者，治之本也。《論語》：爲政以德，譬如北辰，居其所而衆星共之。《孟子》：天下之本在國，國之本在家，家之本在身。○事親，事之本也。守身，守之本也。○且天之生物也，使之一本。○源泉混混，不舍晝夜。盈科而後進，放乎四海，有本者如是，是之取爾。[附古文注：上半章言聖人能極親嚴之心，爲人倫之至，是能盡其性。下半章言聖人因人心本有之親嚴，而以孝教天下，是能盡人之性。]

【校勘記】

〔1〕“藝”，原作“義”，據《禮記·禮運》改。

孝經集義下卷

子曰：“父子之道，天性，君臣之義。《易》：有父子，然後有君臣。《虞戴德》：子曰：“父之於子，天也。君之於臣，天也。有子不事父，有臣不事君，是非反天而倒行耶？”《禮器》：父子之道，君臣之義，倫也。《儀禮》：故父者，子之天也。夫者，妻之天也。《郊特牲》：男先乎女，剛柔之義也。天先乎地，君先乎臣，其義一也。《論語》：孔子對曰：“君君，臣臣，父父，子子。”《國語》：君臣皆獄，父子皆獄，是無上下也。《莊子》：仲尼曰：“天下有大戒二：其一，命也；其一，義也。子之愛親，命也，不可解於心；臣之事君，義也，無適而非君也，無所逃於天地之間。是不擇地而安之，孝之至也；不擇事而安之，忠之盛也。**父母生之，續莫大焉；**《易》：乾，天也，故稱乎父。坤，地也，故稱乎母。〇乾道成男，坤道成女。《家語》：晝生者類父，夜生者類母。《詩》：以似以續，續古之人。《易》：繼之者善也，成之者性也。《中庸》：夫孝者，善繼人之志，善述人之事者也。**君親臨之，厚莫重焉。”**《昏義》：故天子之與后，猶日之與月，陰之與陽，相須而后成者也。天子修男教，父道也；后修女順，母道也。故曰：“天子之與后，猶父之與母也。”故爲天王服斬衰，服父之義也；爲后服齊衰，服母之義也。《孟子》：孔子去魯，曰：“遲遲吾行也，去父母國之道也。”**子曰：“不愛其親而愛他人者，謂之悖德；不敬其親而敬他人者，謂之悖禮。**《大學》：其所厚者薄，而所薄者厚。《孟子》：於所厚者薄，無所不薄也。以母食則不食，以妻則食之；以兄之室則弗居，以於陵則居之。〇仁者以其所愛及其所不愛，不仁者以其所不愛及其所愛。〇君子之於物也，愛之而弗仁；於民也，仁之而弗親。親親而仁民，仁民而愛物。愛人不親反其仁。〇禮人不答反其敬。**以順則逆，民無則焉。**《五子之歌》：有典有則，貽厥子孫。《左傳》：賤妨[1]貴，少陵長，遠間親，新間舊，小加大，淫破義，所謂六逆也。君義，臣行，父慈，子孝，兄愛，弟敬，所謂六順也。去順效逆，所以速禍也。**不在於善，皆在於凶德。雖得之，君子所不貴。**《湯誥》：天道福善禍淫，作善降之百祥，作不善降之百殃。《禹謨》：惠迪吉，從逆凶。《咸有一德》：德惟一，動罔不吉；德二三，動罔不凶。惟吉凶不僭在人，惟天降災祥在德。《論語》：君子之德風，小人之德草。草上之風，必偃。《孟子》：非之無舉也，刺之無刺也；同乎流俗，合乎污世；居之似忠信，行之似廉潔；衆皆悅之，自以爲是，而不可與入堯舜之道，故曰德之賊也。《曲禮》：博聞强識而讓，敦善行而不怠，謂之君子。**君子則不然，言思可道，行思可樂，**《説命》：恭默思道。 〇有言逆于汝心，必求諸道；有言遜于汝志，必求諸非道。《易》：樂則行之。《左傳》：君子之行，思其終也，思其復也。《曾子立事》：思而後動，論而後行，行必思言之，言之必思復之，思復之必思無悔言，亦可謂慎矣。《論語》：故君子名之必可言也，言之必可行也，君子於其言無所苟而已矣。《士相見禮》：凡言非對也，妥而後傳言。與君言，言使臣。與大人言，言事君。與老者言，言使弟子。與幼者言，言孝弟于父兄。與衆言，言忠信慈祥。與居官者言，言忠信。《儒行》：言必先信，行必中正。《家語》：一日三復白圭之玷，是宫縚之行也。《孟子》：大人者，言不必信，行不必果，惟義所在。**德義可尊，作事可法，**《大學》：道盛德至善，民之不能忘也。〇其爲父子兄弟足法，而后民法之也。**容止可觀，進退可度，**《左傳》：君子目以定體，足以從之，是以觀容而知其心矣。目以處事，足以步目，目體不相從，何以能久。《月令》：雷將發聲，有不戒其容止者，生子不備。《曲禮》：進退有度。［原注：《經解》同。］《左傳》：見可而進，知難而退。度德而處之，量力而行之。**以臨其民。**［原注：句見《論語》。］**是以其民畏而愛之，**［原注：句見《曲禮》。］**則而象之。**［原注：句見《左傳》。］《左傳》：君子在位可畏，施舍可愛，進退可度，周旋可則，容止可觀，作事可法，德行可象，聲氣可樂，動作有文，言語有章，以臨其下，謂之有威儀也。〇有威而可畏謂之威，有儀而可象謂之儀。《周禮》：正月之吉始和，布治於邦國都鄙，乃縣治象之法於象魏，使萬民觀治象。○正歲帥治官之屬，而觀治象之灋。**故能成其德教，而行政令。**《咸有一德》：七世之廟，可以觀德；萬夫之長，可以觀政。《月令》：命相布德和令。《孟子》：見其禮而知其政，聞其樂而知其德。**《詩》云：'淑人君子，其儀不忒。'"**順治御注：《詩·曹風·鳴鳩》篇。引此以見淑人君子，威儀不差，爲人法則者，皆本於孝也。

子曰："孝子之事親，居則致其敬，《祭義》：孝子之有深愛者，必有和氣；有和氣者，必有愉色；有愉色者，必有婉容。孝子如執玉、如奉盈，洞洞屬屬然如弗勝，如將失之。嚴威儼恪，非所以事親也，成人之道也。《曾子事父母》：孝子無私樂，父母所憂憂之，父母所樂樂之。孝子唯巧變，故父母安之。若夫坐如尸，立如齊，弗訊不言，言必齊色，此成人之善者也，未得爲子之道也。《曾子立孝》：致敬而不忠，則不入也。是故禮以將其力，敬以入其忠。○父母愛之，喜而不忘；父母惡之，懼而不怨。《内則》：父母舅姑之衣、衾、簟、席、枕、几不傳，杖、屨祗敬之，勿敢近。敦、牟、卮、匜，非餕莫敢用。與恒食飲，非餕莫之敢飲食。父母在，朝夕恒食，子婦佐餕，既食恒餕。父没母存，冢子御食，群子婦[2]佐餕如初。**養則致其樂，**《酒誥》：用孝養厥父母，厥父母慶。《檀弓》：啜菽飲水盡其歡，斯之謂孝。《坊記》：子云："小人皆能養其親，君子不敬何以辨。"《曾子立孝》：飲食移味，居處温愉，著心於此，濟其志也。《内則》：曾子曰："孝子之養老也，樂其心，不違其志，樂其耳目，安其寢處，以其飲食忠養之。"《孟子》：若曾子，則可謂養志也。事親若曾子者，可也。**病則致其憂，**《曲禮》：親有疾飲藥，子先嘗之。醫不三世，不服其藥。○父母有疾，冠者不櫛，行不翔，言不惰，琴瑟不御。食肉不至變味，飲酒不至變貌，笑不至矧，怒不至詈。疾止復故。**喪則致其哀，**《論語》：臨喪不哀，吾何以觀之哉！○喪與其易也寧戚。○喪致乎哀而止。《喪大記》：父母之喪，居倚廬，寢苫枕凷［原注：塊。］。婦人不居廬，不寢苦。《曲禮》：不勝喪，乃比於不慈不孝。《曾子本孝》：曾子曰：“死則哀以莅之。”《檀弓》：子路曰：“吾聞諸夫子：喪禮，與其哀不足而禮有餘也，不若禮不足而哀有餘也。”**祭則致其嚴**。《論語》：祭如在，祭神如神在。子曰：“吾不與祭，如不祭。”《曾子本孝》：祭祀則莅之以敬。《檀弓》：祭禮，與其敬不足而禮有餘也，不若禮不足而敬有餘也。《郊特牲》：祭稱孝子孝孫，以其義稱也。《祭義》：孝子將祭，慮事不可以不豫，比時具物，不可以不備，虛中以治之。○孝子之祭也，盡其慤而慤焉，盡其信而信焉，盡其敬而敬焉，盡其禮而不過失焉。進退必敬，如親聽命，則或使之也。孝子之祭可知也：其立之也敬以詘，其進之也敬以愉，其薦之也敬以欲。○孝子將祭祀，必有齊莊之心以慮事，以具服物，以修宫室，以治百事。及祭之日，顔色必温，行必恐，如懼不及愛然。其奠之也，容貌必温，身必詘，如語焉而未之然。宿者皆出，其立卑静以正，如將弗見然。及祭之後，陶陶遂遂，如將復入然。是故慤善不違身，耳目不違心，思慮不違親。結諸心，形諸色，而術省之，孝子之志也。《祭統》：禮有五經，莫重於祭。夫祭者，非物自外至者也，自中出生於心者也，心怵［原注：黜。］而奉之以禮。是故惟賢者能盡祭之義。○身致其誠信。誠信之謂盡，盡之謂敬，敬盡然後可以事神明，此祭之道也。**五者備矣，然後能事親**。**事親者，居上不驕，爲下不亂，在醜不争**。《周官》：位不期驕，禄不期侈。《論語》：有子曰：“其爲人也孝弟，而好犯上者，鮮矣；不好犯上，而好作亂者，未之有也。”《曲禮》：在醜夷不争。《中庸》：君子依乎中庸，遯世不見知而不悔。君子素其位而行。○在上位不陵下，在下位不援上，正己而不求於人。《孟子》：君子所性，雖大行不加焉，雖窮居不損焉，分定故也。**居上而驕則亡**，《詩》：受爵不讓，至於己斯亡。**爲下而亂則刑**，《王制》：刑者，侀也。侀者，成也。《祭義》：樂自順此生，刑自反此作。《禹謨》：刑期於無刑。《盛德》：刑罰之所從生有源，不務塞其源而務刑殺之，是爲民設陷以賊之也。刑罰之源，生於嗜欲好惡無節。《聘義》：勇敢，强有力而不用之於禮義、戰勝，而用之於争鬭，則謂之亂人。刑罰行於國，所誅者亂人也。《孔叢子》：孔子曰：“古之聽訟者，惡其意不惡其人，求所以生之，不得其所以生，乃刑之。”《孟子》：及陷於罪，然後從而刑之，是罔民也。焉有仁人在位，罔民而可爲也？**在醜而争則兵。**《詩》：執訊獲醜。《左傳》：凡有血氣，皆有争心。〇兵，凶器；戰，危事也。〇兵，民之殘也，財用之蠹也。〇夫兵猶火也，弗戢將自焚也。《易》：負且乘，亦可醜也。自我致戎，又誰咎也。［原注：一本作“致寇”。］**此三者不除，雖日用三牲之養，猶爲不孝也。”**《論語》：子游問孝。子曰：“今之孝者，是謂能養。至於犬馬，皆能有養。不敬，何以别乎？”〇子夏問孝。子曰：“色難。有事弟子服其勞，有酒食先生饌，曾是以爲孝乎？”《左傳》：牛卜日曰牲。《曲禮》：凡祭宗廟之禮，牛曰一元大武，豕曰剛鬣，羊曰柔毛。《曾子大孝》：居處不莊，非孝也；事君不忠，非孝也；莅官不敬，非孝也；朋友不信，非孝也；戰陳無勇，非孝也。五者不遂，災及其身［原注：《祭義》“身”作“親”。］。敢不敬乎？爲烹熟羶［原注：一作“鮮”。］薌［原注：一作“香”。］，嘗而薦之，非孝也，養也。君子之所謂孝也者，國人皆稱願焉，曰：“幸哉！有子如此！”所謂孝也已。〇夫子曰：“斷一樹，殺一獸，不以其時，非孝也。”

子曰：“五刑之屬三千，而罪莫大於不孝。《舜典》：象以典刑，流宥五刑。《甫刑》：五刑之屬三千。上下比罪，無僭亂辭。《周禮》：秋官以五刑糾萬民。《本命》：大罪有五。《王制》：凡制五刑，必即天論［原注：平聲。］。凡聽五刑之訟，必原於父子之親。《左傳》：夏有亂政而作禹刑，商有亂政而作湯刑，周有亂政而作九刑。三辟之興，皆叔世也。《康誥》：元惡大憝，矧惟不孝不友。子弗祗服厥父事，大傷厥考心。《孟子》：初命曰誅不孝。《盛德》：凡不孝生於不仁愛也，不仁愛生於喪祭之禮不明，喪祭之禮所以教仁愛也。《孟子》：世俗所謂不孝者五，惰其四支，不顧父母之養，一不孝也；博弈好飲酒，不顧父母之養，二不孝也；好貨財，私妻子，不顧父母之養，三不孝也；從耳目之欲，以爲父母戮，四不孝也；好勇鬭狠，以危父母，五不孝也。

《説苑》：魯哀公問於孔子曰："知者壽乎？"孔子曰："然。人有三死而非命也者，人自取之。夫寢處不時，飲食不節，佚勞過度者，疾共殺之；居下位而上忤其君，嗜欲無厭，而求不止者，刑共殺之；少以犯衆，弱以侮强，忿怒不量力者，兵共殺之。此三死者，人自取之。"《孟子》：桎梏死者，非正命也。**要君者無上，**《論語》：臧武仲以防求爲後於魯，雖曰不要君，吾不信也。《表記》：子曰："事君三違而不出竟，則利禄也。人雖曰不要，吾弗信也。"《孟子》：長君之惡其罪小，逢君之惡其罪大。〇楊氏爲我，是無君也。**非聖人者無法，**《誥志》：子曰："古之治天下者必聖人。"《孟子》：楊墨之道不息，孔子之道不著。《盛德》：無德法而專以刑法御民，民心走，國必亡。亡德法，民心無所法循，迷惑失道。《王制》：樂正崇四術，立四教，順先王《詩》《書》《禮》《樂》以造士。春秋教以《禮》《樂》，冬夏教以《詩》《書》。凡養老，有虞氏以燕禮，夏后氏以饗禮，殷人以食禮，周人修而兼用之。五十養於鄉，六十養於國，七十養於學，達於諸侯。《孟子》：堯舜之道，不以仁政，不能平治天下。〇殃民者不容於堯舜之世。《孔叢子》：子曰："堯舜之功，百世不輟，仁義之風遠也。"**非孝者無親，**《泰誓》：今商王受狎侮五常。《甘誓》：有扈氏威侮五行。《用兵》：子曰："不顧厥親，以喪厥身。蚩尤惛慾而無厭者也。"《本命》：逆天地者，罪及五世；誣文武者，罪及四世；逆人倫者，罪及三世。《孟子》：亡親戚、君臣、上下。以其小者信其大者，奚可哉？〇親親而仁民，仁民而愛物。〇墨氏兼愛，是無父也。《儀禮》：禽獸知母而不知父，野人曰父母何算焉。**此大亂之道也。"**《左傳》：天反時爲災，地反物爲妖，民反德爲亂。〇及其亂也，君子稱其功以加小人，小人伐其技以馮君子，是以上下無禮，亂虐并生，由争善也，謂之昏德。《禮運》：大道之行也，天下爲公。選賢與能，講信修睦，故人不獨親其親，不獨子其子。〇是謂大同。今大道既隱，天下爲家，各親其親，各子其子。〇故謀用是作，而兵由此起。《孟子》：無禮義則上下亂。〇仁義充塞，則率獸食人，人將相食。

子曰："教民親愛，莫善於孝；《論語》：子曰："聽訟吾猶人也，必也使無訟乎！"《祭義》：立愛自親始，教民睦也。《大傳》：親親也，尊尊也，長長也，男女有别，此其不可得與民變革者也。**教民禮順，莫善於悌；**《祭義》：立敬自長始，教民順也。《大學》：宜兄宜弟，而后可以教國人。《中庸》：兄弟既翕，和樂且湛。《樂記》：食三老五更於大學，天子袒而割牲，執醬而饋，執爵而酳，冕而總干，所以教諸侯之弟也。《大傳》：其夫屬乎父道者，妻皆母道也；其夫屬乎子道者，妻皆婦道也。**移風易俗，莫善於樂；**《樂記》：樂者，德之華也。〇樂者，通倫理者也。〇樂者，音之所由生也，其本在於人心之感於物也。〇移風易俗，天下皆寧。**安上治民，莫善於禮。**《坊記》：禮者，因人之情而爲之節文，以爲民坊者也。《左傳》：禮之可以爲國也久矣，與天地并。君令而不違，臣共而不貳，父慈而教，子孝而箴，兄愛而友，弟敬而順，夫和而義，妻柔而正，姑慈而從，婦聽而婉，禮之善物也。〇世之治也，君子尚能而讓其下，小人農力以事其上，是以上下有禮，而讒慝黜遠，由不争也，謂之懿德。《經解》：是故隆禮由禮，謂之有方之士；不隆禮不由禮，謂之無方之民。敬讓之道也。故以奉宗廟則敬，以入朝廷則貴賤有位，以處室家則父子親、兄弟和，以處鄉里則長幼有序。孔子曰："安上治民，莫善於禮。"此之謂也。故朝覲之禮，所以明君臣之義也。聘問之禮，所以使諸侯相尊敬也。喪祭之禮，所以明臣子之恩也。鄉飲酒之禮，所以明長幼之序也。昏姻之禮，所以明男女之别也。〇故禮之教化也微，其止邪也於未形，使人日徙善遠罪而不自知也。《論語》：上好禮則民莫敢不敬。〇上好禮則民易使也。**禮者，敬而已矣。**《仲尼燕居》：禮也者，理也。《樂記》：禮也者，理之不可易者也。〇故禮也者，義之實也。《哀公問》：民之所由生，禮爲大。《禮運》：孔子曰："夫禮，先王以承天之道，以治人之情。故失之者死，得之者生。"《禮器》：禮也者，猶體也。體不備，君子謂之不成人。《左傳》：禮，身之幹也。敬，身之基也。《説命》：禮煩則亂。《禮器》：至敬無文。《樂記》：大禮必簡。《主言》：古之爲政，愛人爲大。所以治愛人，禮爲大。所以治禮，敬爲大。《論語》：爲禮不敬，臨喪不哀，吾何以觀之哉！○修己以敬。《中庸》：齊莊中正，足以有敬也。《曲禮》：甘受和，白受采，忠信之人，可以學禮。**故敬其父則子悅，敬其兄則弟悅，敬其君則臣悅，敬一人而千萬人悅。**《孟子》：天下之父歸之，其子焉往？○瞽瞍底豫而天下之爲父子者定。○視天下悅而歸己，猶草芥也。惟舜爲然。《論語》：君子敬而無失，與人恭而有禮。四海之内，皆兄弟也。《孟子》：畜君者，好君也。《樂記》：合父子之親，明長幼之序，以敬四海之内。天子如此，則禮行矣。《論語》：公則説。《易》：説之大民勸矣哉。**所敬者寡，而悅者衆，此之謂要道。"**《大學》：道得衆則得國，失衆則失國。《孟子》：道二，仁與不仁而已矣。○尊賢使能，俊傑在位，則天下之士，皆悅而願立於其朝矣；○天下之商，皆悅而願藏於其市矣；○天下之旅，皆悅而願出於其路矣。○天下之農，皆悅而願耕於其野矣。○以德服人者，中心悅而誠服也，如七十子之服孔子也。《中庸》：子曰："道之不行也，我知之矣，知者過之，愚者不及也；道之不明也，我知之矣，賢者過之，不肖者不及也。人莫不飲食也，鮮能知味也。"《孟子》：終身由之，而不知其道者，衆也。

子曰："君子之教以孝也，非家至而日見之也。《鄉飲酒義》：君子之所謂孝者，非家至而日見之也。《中庸》：故君子以人治人，改而止。《孟子》：夫君子所過者化，所存者神，上下與天地同流，豈曰小補之哉？○故爲政者，每人而悅之，日亦不足矣。**教以孝，所以敬天下之爲人父者；教以弟，所以敬天下之爲人兄者；教以臣，所以敬天下之爲人君者。**《祭義》：貴貴，爲其近於君也。貴老，爲其近於親也。敬長，爲其近於兄也。《孟子》：爲人臣者懷仁義以事其君，爲人子者懷仁義以事其父，爲人弟者懷仁義以事其兄，是君臣、父子、兄弟去利，懷仁義以相接也。《主言》：所謂天下之至仁者，能合天下之至親者也；所謂天下之至知者，能用天下之至和者也。**《詩》云：'愷悌君子，民之父母。'** 順治御注：《詩·大雅·泂酌》之篇。言君子以和平樂易之道化民成俗，故宜爲天下蒼生之父母也。**非至德，其孰能順民如此其大者乎？”**《仲虺之誥》：王懋昭大德，建中于民。《易》：易簡而天下之理得矣。天下之理得，而成位乎其中矣。《表記》：使民有父之尊，有母之親。如此而后可以爲民父母矣。非至德其孰能如此乎？《孟子》：父母之心，人皆有之。〇言舉斯心，加諸彼而已矣。故推恩足以保四海。《禮器》：德發揚，詡萬物，大理物博，如此，則得不以多爲貴乎？故君子樂其發也。禮之以少爲貴者，以其内心者也。德産之致也精微。觀天下之物無可以稱其德者，如此，則得不以少爲貴乎？是故君子慎其獨也。《中庸》“德輶如毛”，毛猶有倫。“上天之載，無聲無臭”，至矣。《論語》：“子曰：‘中庸之爲德也，其至矣乎！’”

子曰：“昔者明王事父孝，故事天明；《泰誓》：惟我文考，若日月之照臨。《左傳》：照臨四方曰明。《哀公問》：孔子曰：“是故仁人之事親如事天，事天如事親，是故孝子成身。”《中庸》：故君子不可以不修身，思修身不可以不事親，思事親不可以不知人，思知人不可以不知天。《孟子》：存其心，養其性，所以事天也。**事母孝，故事地察；**《易》：坤道其順乎，承天而時行。《國語》：惟地能包萬物以爲一。《家語》：群生閉藏於陰，而爲化育之始。**長幼順，故上下治。**《易》：卑高以陳，貴賤位矣。《千乘》：長幼小大必中度，此國家之所以崇也。《祭義》：有虞氏貴德而尚齒，夏后氏貴爵而尚齒，殷人貴富而尚齒，周人貴親而尚齒。《論語》：長幼之節，不可廢也；君臣之義，如之何其廢之？《孟子》：老吾老，以及人之老；幼吾幼，以及人之幼。天下可運於掌。**天地明察，神明彰矣。**《易》：天地設位，而易行乎其中矣。成性存存，道義之門。〇廣大配天地，變通配四時，陰陽之義配日月，易簡之善配至德。〇陰陽合德，而剛柔有體。以體天地之撰，以通神明之德。《中庸》：《詩》云：“鳶飛戾天，魚躍于淵。”言其上下察也。〇君子之道，造端乎夫婦，及其至也，察乎天地。《易》：仰以觀於天文，俯以察於地理，是故知幽明之故。《曾子大圓》：天道曰圓，地道曰方，方曰幽而圓曰明；明者吐氣者也，是故外景；幽者含氣者也，是故内景，故火曰外景，而金水内景，吐氣者施而含氣者化，是以陽施而陰化也。陽之精氣曰神，陰之精氣曰靈。《周禮》：秋官司烜氏掌以夫遂取明火於日，以鑒取明水於月。《淮南子》：夫陽遂取火於日，方諸取露於月，天地之間，巧歷不能舉其數，手微忽怳，不能覽其光。然以掌握之中，引類於太極之上，而水火可立致者，陰陽同氣相動。《鄉飲》：天地嚴凝之氣，始於西南，而盛於西北，此天地之尊嚴氣也，此天地之義氣也。天地温厚之氣，始於東北，而盛於東南，此天地之盛德氣也，此天地之仁氣也。《周禮》：凡樂，冬日至，於地上之圜丘奏之。〇若樂六變，則天神皆降，可得而禮矣。夏日至，於澤中之方丘奏之。若樂八變，則地示皆出，可得而禮矣。《樂記》：及夫禮樂之極乎天而蟠乎地，行乎陰陽而通乎鬼神，窮高極遠而測深厚。樂著大始，而禮居成物。著不息者天也，著不動者地也。一動一静者，天地之間也。故聖人曰"禮樂"云。禮樂偩天地之情，達神明之德。《勸學》：積善成德，神明自傳，聖心備矣。《易》：有天地然後有萬物，有萬物然後有男女，有男女然後有夫婦，有夫婦然後有父子，有父子然後有君臣，有君臣然後有上下，有上下然後禮義有所錯。《孟子》：居仁由義，大人之事備矣。《易》：夫大人者，與天地合其德，與日月合其明，與四時合其序，與鬼神合其吉凶，先天而天弗違，後天而奉天時。天且弗違，而況於人乎？況於鬼神乎？《樂記》：明則有禮樂，幽則有鬼神。《易》：天道虧盈而益謙，地道變盈而流謙，鬼神害盈而福謙，人道惡盈而好謙。謙尊而光，卑而不可踰，君子之終也。**故雖天子，必有尊也，言有父也；必有先也，言有兄也。**《祭義》：至孝近乎王，雖天子，必有父；至弟近乎霸，雖諸侯，必有兄。**宗廟致敬，不忘親也；**《文王世子》：宗廟之中，以爵爲位，崇德也。宗人授事以官，尊賢也。登餕、受爵以上嗣，尊祖之道也。喪紀以服之輕重爲序，不奪人親也。公與族燕則以齒，而孝弟之道達矣。其族食，世降一等，親親之殺也。戰則守於公禰，孝愛之深也。正室守太廟，尊宗室，而君臣之道著矣。諸父諸兄守貴室，子弟守下室，而讓道達矣。五廟之孫，祖廟未毁，雖及庶人，冠、取妻必告，死必赴，不忘親也。親未絶而列於庶人，賤無能也。**修身慎行，恐辱先也。**《皋陶謨》：慎厥身，修思永。惇敘九族，庶民勵翼，邇可遠在兹。〇慄慄危懼，若將隕于深淵。《易》：不遠之復，以修身也。〇君子以恐懼修省。《曲禮》：修身踐言，謂之善行。行修言道，禮之質也。〇孝子不服闇，不登危，懼辱親也。《樂記》：惰慢邪辟之氣，不設於身體。使耳目鼻口心知百體，皆由順正，以行其義。《論語》：子曰："父在，觀其志；父没，觀其行；三年無改於父之道，可謂孝矣。"〇曾子曰："吾聞諸夫子：孟莊子之孝也，其他可能也；其不改父之臣，與父之政，是難能也。"**宗廟致敬，鬼神著矣。**《祭義》：宰我曰："吾聞鬼神之名，不知其所謂。"子曰："氣也者，神之盛也。魄也者，鬼之盛也。合鬼與神，教之至也。衆生必死，死必歸土，此之謂鬼。骨肉斃於下，陰爲野土。其氣發揚於上，爲昭明，焄[原注：熏。]蒿悽愴，此百物之精也，神之著也。因物之精，制爲之極，明命鬼神，以爲黔首則。百衆以畏，萬民以服。"聖人以是爲未足也，築爲宫室，設爲宗祧，以别親疏遠邇，教民反古復始，不忘其所由生也。《祭法》：人死曰鬼。山林、川谷、丘陵能出雲爲風雨，見怪物，皆曰神。《論語》：子曰："務民之義，敬鬼神而遠之。"〇子曰："禹，吾無間然矣，菲飲食而致孝乎鬼神。"**孝悌之至，通於神明，光於四海，無所不通。**《堯典》：光被四表，格于上下。《大禹謨》：至誠感神。《微子之命》：恪慎克孝，肅恭神人。《君陳》：至治馨香，感于神明。黍稷非馨，明德惟馨。《泰誓》：惟我文考，若日月之照臨，光于四方。《洛誥》：惟公德明，光于上下，勤施于四方。《經解》：天子者，與天地參，故德配天地，兼利萬物，與日月并明，明照四海而不遺微小。《射義》：天地四方者，男子之所有事也。**《詩》云：'自西自東，自南自北，無思不服。'"** 順治御注：《詩·大雅·文王有聲》之篇。引此以見天下四方，雖至廣大，此心此理，無不同者，則無所不通之意明矣。

子曰："君子之事親孝，故忠可移於君；《曾子立孝》：是故未有君而忠臣可知者，孝子之謂也。《祭統》：是故君子之事君，必身行之。《左傳》：君子曰："穎考叔，純孝也，愛其母，施及莊公。《詩》曰：'孝子不匱，永錫爾類。'其是之謂乎！"《孟子》：有是四端而自謂不能者，自賊者也；謂其君不能者，賊其君者也。**事兄悌，故順可移於長；**《曾子立孝》：未有長而順下可知者，弟弟之謂也。《曾子事父母》：兄之行若中道，則兄事之；若不中道，則養之。養之内，不養於外，則是越之也；養之外，不養於内，則是疏之也。是故君子内外養之也。〇弟之行若中道，則正以使之；弟之行若不中道，則兄事之。詘事兄之道，若不可，然後舍之也。《曲禮》：年長一倍，則父事之；十年以長，則兄事之；五年以長，則肩隨之。群居五人，則長者必異席。《王制》：父之齒隨行，兄之齒雁行，朋友不相踰。輕任并，重任分。《坊記》：於父之執，可以乘其車，不可以衣其衣，君子以廣孝也。《曲禮》：從長者而上丘陵，則必鄉長者所視。〇從於先生，不越路而與人言。《孟子》：夫徐行者，豈人所不能哉？所不爲也。**居家理，故治可移於官。**《曾子立孝》：未有治而能仕可知者，先修之謂也。《論語》：子曰："書云：'孝乎惟孝，友于兄弟，施於有政。'是亦爲政，奚其爲爲政？"《大學》：故君子不出家而成教於國。孝者，所以事君也；弟者，所以事長也；慈者，所以使衆也。〇其爲父子兄弟足法，而后民法之也。《易》：家人有嚴君焉，父母之謂也。父父，子子，兄兄，弟弟，夫夫，婦婦，而家道正。正家而天下定矣。《哀公問》：孔子曰："身以及身，子以及子，妃以及妃，君行此三者，則愾乎天下矣。"〇夫婦别，父子親，君臣嚴，三者正，則庶民從之矣。《禮運》：父子篤，兄弟睦，夫婦和，家之肥也。《昏義》：天子聽男教，后聽女順；天子理陽道，后治陰德；天子聽外治，后聽内職。教順成俗，外内和順，國家理治，此之謂盛德。《孟子》：刑于寡妻，至于兄弟，以御于家邦。〇古之人所以大過人者無他焉，善推其所爲而已矣。**是故行成於内，而名立於後世矣。"**《曾子立事》：爲善必自内始也，内人怨之，雖外人亦不能立也。《論語》：君子疾没世而名不稱焉。〇君子去仁，惡乎成名。

《中庸》：君子未有不如此，而蚤有譽於天下者也。

子曰："閨門之内，具禮矣乎！《爾雅》：室謂之宫。〇宫中之門謂之闈，其小者謂之閨。《仲尼燕居》：以之閨門之内有禮，故三族和也。《樂記》：在閨門之内，父子兄弟同聽之，則莫不和親。《坊記》：父母在，不稱老，言孝不言慈；閨門之内，戲而不嘆。《本命》：故令不出閨門，事在饋食之間而已矣。《易》：家人，女正位乎内，男正位乎外。男女正，天地之大義也。《周禮》：天官内宰以陰禮教九嬪，以婦職之法教九御。《冠義》：責成人禮焉者，將責爲人子、爲人弟、爲人臣、爲人少者之禮行焉。將責四者之行於人，其禮可不重與？故孝弟忠順之行立，而后可以爲人，可以爲人而后可以治人也。故聖王重禮。《内則》：禮始於謹夫婦，爲宫室，辨外内。男子居外，女子居内，深宫固門，閽寺守之，男不入，女不出。男女不同椸枷，不敢懸於夫之楎椸，不敢藏於夫之篋笥，不敢共湢浴。夫不在，斂枕篋、簟席、襡器而藏之。少事長，賤事貴，咸如之。夫婦之禮，唯及七十，同藏無間。《左傳》：婦人送迎不出門，見兄弟不踰閾。**嚴父嚴兄，妻子臣妾，猶百姓徒役也。"**《曾子立事》：事父可以事君，事兄可以事師長，使子猶使臣也，使弟猶使承嗣也；能取朋友者，亦能取所予從政者矣；賜與其宫室，亦由慶賞於國也；忿怒其臣妾，猶用刑罰於萬民也。《堯典》：觀厥刑於二女。《易》：妻道也，臣道也。《孟子》：身不行道，不行於妻子。使人不以道，不能行於妻子。

曾子曰："若夫慈愛恭敬、安親揚名，參聞命矣。敢問從父之令，可謂孝乎？"《論語》：疑思問。《中庸》：有弗問，問之弗知，弗措也。**子曰："是何言與！是何言與！**［原注：二句見《祭義》。］**昔者天子有争臣七人，雖無道，不失其天下；**《孟子》：又有微子、微仲、王子比干、箕子、膠鬲，皆賢人也，相與輔相之，故久而後失之也。**諸侯有争臣五人，雖無道，不失其國；**《論語》：孔子曰："仲叔圉治賓客，祝鮀治宗廟，王孫賈治軍旅。夫如是，奚其喪？"**大夫有争臣三人，雖無道，不失其家；**《論語》："陳力就列，不能者止。"危而不持，顛而不扶，則將焉用彼相矣？**士有争友，則身不離於令名；**《論語》：子曰：“毋友不如己者。”〇益者三友：友直、友諒、友多聞，益矣。**父有争子，則身不陷於不義。**《堯典》：克諧以孝，烝烝乂，不格姦。《祭法》：禹能修鯀之功。《易》：《象》曰：“幹父之蠱”，意承考也。《内則》：父母有過，下氣怡色，柔聲以諫。諫若不入，起敬起孝，説則復諫；不説，與其得罪於鄉黨州閭，寧熟諫。父母怒，不説而撻之流血，不敢疾怨，起敬起孝。《論語》：子曰：“事父母幾諫。見志不從，又敬不違，勞而不怨。”**故當不義，則子不可以弗争於父，臣不可以弗争於君。**《檀弓》：孔子曰：“事親有隱而無犯。”〇“事君有犯而無隱。”《論語》：勿欺也，而犯之。《曲禮》：爲人臣之禮，不顯諫。三諫而不聽，則逃之。子之事親也，三諫而不聽，則號泣而隨之。《孟子》：親之過大而不怨，是愈疏也；親之過小而怨，是不可磯也。愈疏，不孝也；不可磯，亦不孝也。《左傳》：君所謂可而有否焉，臣獻其否以成其可；君所謂否而有可焉，臣獻其可以去其否。《孟子》：責難於君謂之恭，陳善閉邪謂之敬，吾君不能謂之賊。《表記》：事君遠而諫則讇［原注：諂。］也，近而不諫則尸利也。**故當不義則争之，從父之令，又焉得爲孝乎！”**《曾子大孝》：君子之所謂孝者，先意承志，諭父母於道。參直養者也，安能爲孝乎？《坊記》：子云：“從命不忿，微諫不倦，勞而不怨，可謂孝矣。”

子曰：“君子事上，進思盡忠，《舜典》：后克艱厥后，臣克艱厥臣。《周書》：危身奉上曰忠。《左傳》：臣竭其股肱之力。《論語》：臣事君以忠。《喪記》：事君軍旅不避難，朝廷不辭賤，處其位而不履其事，則亂也。〇事君者量而後入，不入而後量。〇事君大言入則望大利，小言入則望小利。故君子不以小言受大禄，不以大言受小禄。**退思補過，**《左傳》：見可而進，知難而退。《論語》：以道事君，不可則止。〇陳力就列，不能者止。〇可以仕則仕，可以止則止。《仲虺之誥》：改過不吝。《論語》：過則勿憚改。〇子曰：“過而不改，是謂過矣。”《孟子》：人恒過，然後能改。《左傳》：人誰無過，過而能改，善莫大焉。《詩》曰：“靡不有初，鮮克有終。”夫如是，則能補過者鮮矣。○“衮職有缺，惟仲山甫補之。”能補過也。君能補過，衮不廢矣。○仲尼曰：“能補過者，君子也。”《坊記》：善則歸君，過則歸己。**將順其美，匡救其惡，**《太甲》：尚賴匡救之德，圖惟厥終。《左傳》：除君之惡，惟力是視。○小人有母，皆嘗小人之食，未嘗君之羹，請以遺之。《論語》：君子成人之美，不成人之惡。《家語》：孔子曰：“忠臣之諫君，有五義焉：譎諫、戇諫、降諫、直諫、諷諫。唯度主而行之，吾從其諷諫乎。”○《孟子》：無傷也，是乃仁術也。○王之好樂甚，則齊國其庶幾乎。○惟大人者爲能格君心之非。○君子之事君也，務引其君以當道，志於仁而已矣。**故上下能相親。**《主言》：上之親下也如腹心，則下之親上也如保子之見慈母也。上下之相親如此。**《詩》曰：‘心乎愛矣，遐不謂矣。中心藏之，何日忘之？’”**順治御注：《詩·小雅·隰桑》之篇。引此言臣心愛君，身雖在遠，而不自謂遠。蓋愛君一念，出於至誠，恒藏於中心，無日暫忘也。使非本於孝者，何以能忠於君若是也。爲人臣者必如此事君，始可爲忠臣，始能盡爲子之孝，故曰“中於事君”也。

子曰：“孝子之喪親，哭不偯，[原注：句見《雜記》。]《間傳》：父母之喪，居倚廬，寢苫枕塊，不税[原注：脱。]絰帶。○三曲而偯。《雜記》：惟父母之喪，不避涕泣而見人。○曾子曰：“中路嬰兒失其母焉，何常聲之有。”**禮無容，**《問喪》：女子哭泣悲哀，擊胸傷心；男子哭泣悲哀，稽顙觸地無容，哀之至也。**言不文，**[原注：句見《儀禮》并《禮記》。]○《喪大記》：非喪事不言。《喪服四制》：三年之喪，君不言，《書》曰：“高宗諒闇，三年不言”，此之謂也。然而曰“言不文”者，謂臣下也。《雜記》：三年之喪，言而不語，對而不問。**服美不安，**[原注：句見《禮運》。]○《問喪》：身不安美也。**聞樂不樂，**[原注：與下句并見《論語》。]○《士相見禮》：居喪不言樂。**食旨不甘，**《問喪》：痛疾在心，故口不甘味。**此哀戚之情。**《論語》：喪與其易也寧戚。○喪致乎哀而止。《問喪》：惻怛之心，痛疾之意，傷腎、乾肝、焦肺。○此孝子之志也，人情之實也，禮義之經也。非從天降也，非從地出也，人情而已矣。**三日而食，教民無以死傷生，毀不滅性，**《問喪》：水漿不入口，三日不舉火，故鄰里爲之糜粥以飲食之。《檀弓》：子思曰："君子之執親之喪也，水漿不入於口者三日，杖而後能起。"《雜記》：喪食雖惡，必充飢。飢而廢食，非禮也。飽而忘哀，亦非禮也。《檀弓》：節哀順變也。《間傳》：既殯，食粥，朝一溢米，莫［原注：暮。］一溢米。○既虞、卒哭，疏食水飲，不食菜果；期而小祥，食菜果；○期而大祥，有醯、醬；中月而禫，禫而飲醴酒。《喪服四制》：三日而食，三月而沐，期而練，毀不滅性，不以死傷生也。《曲禮》：居喪之禮，毀瘠不形，視聽不衰。升降不由阼階，出入不當門隧。○頭有創則沐，身有瘍則浴，有疾則飲酒食肉，疾止復初。《雜記》：五十不致毀，六十不毀。○毀瘠爲病，君子弗爲也。毀而死，君子謂之無子。《檀弓》：毀不危身，爲無後也。**此聖人之政。**《問喪》：孝子親死，悲哀志懣，故匍匐而哭之，若將復生然，安可得奪而斂之也。故曰三日而后斂，以俟其生也。○是故聖人爲之斷決，以三日爲之禮制也。**喪不過三年，**［原注：句見《喪服》。］**示民有終。**《喪服四制》：始死，三日不怠，三月不解［原注：懈。］。期［原注：基。］悲哀，三年憂，恩之殺也。聖人因殺以制節，此喪之所以三年。賢者不得過，不肖者不得不及，此喪之中庸也。《論語》：子生三年，然後免於父母之懷。夫三年之喪，天下之通喪也。《問喪》：哭泣無時，服勤三年，思慕之心，孝子之志，人情之實也。《三年問》：三年之喪，二十五月而畢，哀痛未盡，思慕未忘，然而服以是斷之者，豈不送死有已、復生有節哉？《儀禮》：父。《傳》曰："爲父何以斬衰也？父至尊也。"○女子在室爲父，布總，箭笄，髽，衰三年。○子嫁，反在父之室，爲父三年。○妾之無子者，妾子之無母者，父命妾曰："女以爲子。"命子曰："女以爲母。"若是，則生養之，終其身如母，死則喪之三年如母，貴父之命也。《孟子》：是欲終之而不可得也。雖加一日愈於已，謂夫莫之禁而弗爲者也。**爲之棺、槨、衣、衾而舉之，**《易》：後世聖人易之以棺槨。《檀弓》：衣足以飾身，棺周於衣，槨周於棺，土周於椁。○夫子制於中都，四寸之棺，五寸之槨。《孟子》：上古棺槨無度，中古棺七寸，槨稱之。《檀弓》：斂手足形，還葬而無槨，稱其財，斯之謂禮。《儀禮士喪》：主人奉尸斂於棺，踊如初，乃蓋。**陳其簠簋而哀慼之，**《禮運》：實其簠、簋、籩、豆、鉶羹，祝以孝告，嘏以慈告。《祭義》：父母既没，必求仁者之粟以祀之，此之謂禮終。**擗踊哭泣，哀以送之。**《爾雅》：擗，拊心也。《問喪》：動尸舉柩，哭踊無數。○故曰："擗踊哭泣，哀以送之。"送形而往，迎精而返也。《檀弓》：孔子在衛，有送葬者，而夫子觀之，曰："善哉爲喪乎！足以爲法矣，小子識之。"子貢曰："夫子何善爾也？"曰："其往也如慕，其反也如疑。"子貢曰："豈若速反而虞乎？"子曰："小子識之，我未之能行也。"**卜其宅兆，而安措之。**《儀禮》：筮宅，冢人營之。掘四隅，外其壤。掘中，南其壤。既朝哭，主人皆往，兆南北面。○度兹幽宅兆基，無有後艱。《檀弓》：葬也者，藏也。藏也者，欲人之弗得見也。○不忍一日未有所歸也。○孔子既得合葬於防，曰："吾聞之，古也墓而不墳。今丘也，東西南北人也，不可以弗[3]識也。"於是封之，崇四尺。孔子先反，門人後，雨甚。至，孔子問焉，曰："爾來何遲也？"曰："防墓崩。"孔子不應。三，孔子泫然流涕曰："吾聞之，古不修墓。"**爲之宗廟，以鬼享之；**［原注：二句見《問喪》，"爲"字作"祭"字。］《王制》：天子七廟，三昭三穆，與太祖之廟而七。諸侯五廟，二昭二穆，與太祖之廟而五。大夫三廟，一昭一穆，與太祖之廟而三。士一廟。庶人祭於寢。《爾雅》：鬼之爲言歸也，享孝也。《易》：王假有廟，致孝享也。《論語》：非其鬼而祭之，諂也。《檀弓》：喪之朝，順死者之孝心也。**春秋祭祀，以時思之。**《祭義》：君子合諸天道，春禘秋嘗。霜露既降，君子履之，必有悽愴之心，非其寒之謂也。春雨露既濡，君子履之，必有怵惕之心，如將見之。樂以迎來，哀以送往，故禘有樂而嘗無樂。致齊［原注：齋。］於内，散齊於外。齊之日，思其居處，思其笑語，思其志意，思其所樂，思其所嗜。齊三日，乃見其所爲齊者。《祭統》：凡祭有四時，春祭曰礿［原注：藥。］，夏祭曰禘，秋祭曰嘗，冬祭曰烝。《穀梁傳》：四時之田，皆爲宗廟之事也。春曰田，夏曰苗，秋曰獮，冬曰狩。**生事愛敬，死事哀戚，**《論語》：子曰："生事之以禮，死葬之以禮，祭之以禮。"《祭義》：君子生則敬養，死則敬享，思終身弗辱也。《王制》：自天子達於庶人，喪從死者，祭從生者。《中庸》：事死如事生，事亡如事存，孝之至也。**生民之本盡矣，**《祭義》：君子反古復始，不忘其所由生也，是以致其敬，發其情，竭力從事，以報其親，不敢弗盡也。**死生之義備矣，**《本命》：化於陰陽，象形而發謂之生，化窮數盡謂之死。故命者，性之終也。有始則必有終矣。《左傳》：人生始化曰魄，既生魄，陽曰魂。用物精多，則魂魄强。心之精爽，是爲魂魄。〇生，好物也。死，惡物也。好物樂也，惡物哀也。哀樂不失，乃能協於天地之性，是以長久。《論語》：子路問事鬼神。子曰："未能事人，焉能事鬼？"敢問死。曰："未知生，焉知死？"《説苑》：子貢問孔子："死人有知無知也？"孔子曰："吾欲言死者有知也，恐孝子順孫妨生以送死也；欲言無知，恐不孝子孫棄不葬也。賜，欲知死人有知無知也，死後自知之，猶未晚也。"《孟子》：養生送死無憾，王道之始也。**孝子之事親終矣。"**《祭統》：孝子之事親也，有三道焉：生則養，没則喪，喪畢則祭。養則觀其順也，喪則觀其哀也，祭則觀其敬而時也。盡此三道者，孝子之行也。《三年問》：故有血氣之屬者，莫知於人，故人于其親也，至死不窮。將由夫患邪淫之人與？則彼朝死而夕忘之，然而從之，則是曾鳥獸之不若也，夫焉能相與群居而不亂乎？將由夫修飾之君子與？則三年之喪，二十五月而畢，若駟之過隙，然而遂之，則是無窮也。故先王焉爲之立中制節，壹使足以成文理，則釋之矣。《玉藻》：父没而不能讀父之書，手澤存焉爾；母没而杯圈不能飲焉，口澤之氣存焉爾。《説苑》：邑名勝母，曾子不入；水名盜泉，孔子不飲。醜其聲也。［原注：一本作"曾子"。］《檀弓》：子路曰："傷哉貧也！生無以爲養，死無以爲禮也。"孔子曰："啜菽飲水盡其歡，斯之謂孝。斂手足形，還葬而無椁，稱其財，斯之謂禮。"《家語》：子路見於孔子，曰："負重涉遠，不擇地而休；家貧親老，不擇禄而仕。昔者由也事二親之時，常食藜藿之食，爲親負米百里之外。親殁之後，南遊於楚，從車百乘，積粟萬鍾，累茵而坐，列鼎而食，願欲食藜藿、爲親負米不可復得也。枯魚銜索，幾何不蠹？二親之壽，忽若過隙。"孔子曰："由也事親，可謂生事盡力，死事盡思者也。"〇足不履影，啓蟄不殺，方長不折。執親之喪，未嘗見齒，是高柴之行也。《韓詩外傳》：曾子曰："椎牛而祭墓，不如雞豚之逮親存也。吾嘗仕齊爲吏，禄不過鍾釜，尚猶欣欣而喜者，樂其逮親也。既殁之後，南遊於楚，得尊官焉，堂高九尺，榱題三圍，轉轂百乘，猶北鄉而泣涕者，悲不逮吾親也。故家貧親老，不擇官而仕。"《説苑》：魯有儉者，瓦鬲煮食，食之而美，盛之土鉶之器，以進孔子。孔子受之，歡然而悦，如受太牢之饋。弟子曰："瓦甂，陋器也；煮食，薄膳也。先生何喜乎？"孔子曰："吾聞好諫者思其君，食美者思其親。吾非以饌爲厚也，以其食美而思我親也。"《孔叢子》：顔讎由善事親，子路義之。後讎以非義執，子路請以金贖焉。既而二三子納金於子路以入衛。或曰："受人之金，以贖其私昵，義乎？"子曰："義而贖之，貧取於友，非義而何？"《詩》：蓼蓼者莪，匪莪伊蒿。哀哀父母，生我劬勞。蓼蓼者莪，匪莪伊蔚。哀哀父母，生我勞瘁。瓶之罄矣，維罍之恥。鮮民之生，不如死之久矣。無父何怙，無母何恃！出則銜恤，入則靡至。父兮生我，母兮鞠我。拊我畜我，長我育我，顧我復我，出入腹我。欲報之德，昊天罔極！《易》：物不可窮也，故受之以未濟終焉。[附古文注：統論孝道，則以事親爲始；專論事親，則以生事爲始，以死事爲終。夫事親之終，猶是孝道之始，然則孝子之事親，豈有自慰之一日哉！]

【校勘記】

〔1〕"妨"，原作"防"，據《左傳》改。

〔2〕"婦"，原作"歸"，據《禮記·内則》改。

〔3〕"弗"，原作"復"，據《禮記·檀弓》改。

孝經述言

敬稽古。孔鮒以孔子《孝經》與《尚書》《禮記》《論語》藏於壁中，魯共王得之，魯三老獻之。後又失而復出，由漢孔安國序傳，以行於世。是孔子之傳，始終竇於孔氏，皆聖人之心也。洎於宋，惟司馬温公篤信奉之，乃自隋别出今文。循爲讀本，宋後又有改本并傳。夫孔子一經，有數本之叢出，而無一定之真詮，繁言充塞，厥有由矣。錫祖考授是經，嚴親因集群書之文，以實其義。錫自少仰蒙庭誨有年，迨居母憂，盡心温習，乃知嚴親以經注經之意，遵述其大旨焉。

蓋一部《孝經》，乃孔子由窮理盡性至命以説約之書，明三才之道，昭五常之本，達萬化之原也。夫孝，順德也。天地以是爲德，聖人以是爲德，人人以是爲德，一也。孔子先得人心之所同，然言之必於躬行心得之者。顔子没，故以授曾子。慮久而失其傳也，復爲文以載之，因名曰經，以爲天下萬世之常。開端即曰："先王有至德要道。"夫先王者何？孔子删《書》，斷自唐虞，即從堯舜起，及禹、湯、文、武、成王、周公也。本《禮運》曰：此六君子者，未有不謹於禮者也。心得者，故謂之德；躬行者，故謂之道。是德也，非止於至善，不得謂之至；是道也，如可離，或别有一道，亦不得謂之要。舍此而言德，至道不凝焉；舍此而行道，至德不得焉。故曰："夫孝，德之本也，教之所由生。"蓋無本不立，無文不行，教者，其孝之文歟？教字，故從孝從文。故孔子根於本心自然之嚴親，嚴故生敬，親故生愛。發爲愛敬，愛敬盡於一己，推以立教：由敬而教以孝，所以敬凡爲人父母者；由愛而教以慈，所以愛凡爲人子嗣者；由敬而教以忠，所以敬爲人君及凡爲人上者；由愛而教以仁，所以愛爲人臣及凡爲人下者；由敬而教以弟以順，所以敬凡爲人兄長者；由愛而教以良以惠，所以愛凡爲人弟幼者；由敬而教以義以聽，所以敬凡爲人夫爲婦者；由愛而教以信，所以愛凡與人交友者。此孔子一貫中和之道，故以萬世爲土，而曾子釋之以忠恕者也。如我欲父慈我，我亦以慈我子，我欲子孝我，我先當孝我親，五倫依此推，《中庸》故曰："忠恕違道不遠。"

若夫禮之"本於太一"，即一善。樂之"通乎倫理"，即樂自順此生，河圖順則相生，故納音起焉。是作樂之原，五行所以生父子也。人之一身，綜之則有五代，錯之則有五倫。《大學》之"明明德"，即本"克明俊德"。德者，得也。以五倫體之於身，躬行心得也。即下文言敬止，仁敬孝慈信之德也；言齊家，孝弟慈之德也；言治國，宜家人、宜兄弟、父子兄弟足法之德也；言平天下，上老老、長長、恤孤之德也。上"明"字，即同"人倫明於上"之"明"字也。《中庸》之"行達道"，即本"慎徽五典"。《孟子》之"道性善""求放心"，即本"性相近也，習相遠也"。特各殊其文，要皆本此經一字發明之。故曰：聖人，人倫之至也。堯舜，性者也。堯舜之道，孝弟而已矣。學則三代共之，皆所以明人倫也。夫以孔子且曰："文，莫吾猶人也。躬行君子，則吾未之有得。"證之於"君子道者三，我無能焉"即語魯哀公之三達德。"君子之道四，丘未能一焉者。"即語魯哀公五達道中之四也。"言顧行，行顧言"，無非慥慥於心，以盡人倫之實功。"盡"之一字，戛戛乎其難哉！

夫孔子祖述憲章，其道本極平常。惟其平常，愈易疏懈，而躬行實踐，發皆中節，所以轉難。故曰：中庸不可能也，民鮮能久矣！人莫不飲食也，鮮能知味也。百姓日用而不知，故君子之道鮮矣。誰能出不由户，何莫由斯道也。孟子亦曰：夫道，若大路然，豈難知哉？終身由之而不知其道者，衆也。在賢知之士，每自以爲吾人倫既盡，當更求性命之學，歧行蔓語，襍出其間。殊未思人倫曷敢言盡，人倫之外，又安得有性命之學！若舍人倫而言道，縱極深隱，亦道其所道，言之必不可行，行之必不可言。乃人之爲道而遠，人不可以爲道。若士志於道，不以是經爲依據，更有何仁何德乎！譬之火一離其種，泉或塞其源，安能火然泉達，取之左右逢原哉！故曰：道也者，不可須臾離也。德必有諸己，而后求諸人，乃爲修己以安人。由親親而仁民，仁民而愛物也。於以見孔子是經，精金百鍊，念兹在兹，自然具有克己、即本"克黜乃心"。格物、即本"格其非心"。《樂記》：物之感人無窮，物至知知。孟子曰："物交物，則引之而已矣。”故致知在格物，物格而后知至。慎獨、復小而辨於物，復以自知，故訓毋自欺。蓋自欺者，未始不自知也。閑邪、即本“雖收放心，閑之惟艱”。懲忿窒慾、即本“一曰正直，二曰剛克，三曰柔克”。忿發於火，致樂以懲之，則不至於遷怒；慾發於水，致禮以窒之，則不至於貳過。故君子曰：“禮樂不可斯須去身。”三戒、即本“不殖貨利，不邇聲色，改過不吝”，孔子又細分之曰：少戒好色，壯戒好鬭，老戒好得。亦即《孟子》載好色、好勇、好貨同也。好色，精之欲也；好鬭，氣之欲也；好得，人心之欲也。能戒色者，知之良；能戒鬭者，勇之良；能戒得者，仁之良。故知者不惑，仁者不憂，勇者不懼。故用人之知去其詐，用人之勇去其怒，用人之仁去其貪。四勿。即本“以禮制心”。視者，木之司也；聽者，水之司也；言者，火以傳聲也；動者，金以效用也；而總司四者，心之官也。心之官則思，又當聽命於禮也。種種功夫在內，皆以自化其形氣之私，完全此赤子秉懿之良。方是孔子教人時習之學，閔子騫曰：“吾出蒹葭之中，而入夫子之門，夫子内切磋以孝。”曾子日省傳習者也。“爲人謀而不忠乎？與朋友交而不信乎？傳不習乎？”習者，即不忘夫中心孝弟有所不足，不敢不勉也。故孔子稱曾子中夫四德，曰孝、弟、忠、信，即是自謙曰：“君子之道四，丘未能一焉者。”所求乎子以事父，孝也；所求乎臣以事君，忠也；所求乎弟以事兄，弟也；所求乎朋友先施之，信也。未能者，遇也，而内自省，尤能之至也。

嘻！古文是經之不顯於人間也久矣。古今精一之傳，得諸獨，必公諸同，此心乃共證淵源之合。以上四句遵用嚴親文内語。天下無不事父兄之子弟，亦無不欲得賢子弟之父兄，則此書在爲學所必讀。據此慎思篤行，皆本良知良能而出。用是黽勉自勵，願與人同，或於聖朝《禮經》三本之道，不無少裨。一道德以同俗，詎非孔子作經垂訓之初心乎？至言之是否，望正於有道君子焉。

男錫齡敬跋。

荆楚文库

孝經養正

〔清〕吕鳴謙　撰
魏友　點校

前　言

吕鳴謙，字吉垣，湖北廣濟（今湖北武穴市）人。據吕鳴謙所作《〈孝經〉五種彙編弁言》（以下簡稱《弁言》）中“光緒十九年（一八九三），歲次癸巳，鳴謙年已七十二歲”一語，可知其生年爲道光二年（一八二二），其卒年不詳。諸生，太平軍戰事起，曾入湘軍豫章（今江西南昌市）幕府佐治文書，光緒十五年（一八八九），又入曾國荃兩江總督幕，典理校對兩江文案事宜，次年以知府銜升用同知江蘇候補知縣，官終江寧（今江蘇南京市）令。工畫，尤擅大筆水墨人物。生平於《孝經》用力甚勤，曾以數十年之力訪購《孝經》原本，共得元代以前注本五種，分别爲漢代孔安國傳、漢代鄭玄注、唐玄宗御注、宋代朱熹《刊誤》及徒有正文之《宋本古文孝經》。自言“凡三著《孝經》”，參合《弁言》中“一著於豫章軍幄，復著於兩江節署，三著於金閶旅館”數語，以及《孝經養正》自跋中“《孝經養正》乃鳴謙著自豫章軍幄，迄今數十年矣。己丑歲，復荷沅甫爵帥檄，調較對兩江文案事宜，遷居節署，删定成篇，復著《條議》”之言，則“三著”之意，似謂其入湘軍豫章幕府時，本《易經》“蒙以養正”之旨，在所訪求的《孝經》五種古代注本基礎上，折衷諸家之説，著成《孝經養正》初稿，此爲一著。光緒十五年典理校對兩江文案事宜時，在兩江總督府衙中將《孝經養正》初稿删定成篇，此爲二著。其後以知府銜升用同知江蘇候補知縣，於金閶（蘇州有金門、閶門兩城門，故以“金閶”指稱蘇州）旅館中等候朝廷實授時，著成《條議》一卷，此爲三著。晚年退居金陵（今江蘇南京市）後，吕鳴謙因素志未竟，乃假江寧書局刻書之利，集刻先前所得《孝經》古代注本五種，并以七十二歲高齡親自主持其事，時在光緒十九年。惟今所見《孝經養正》光緒十九年吕氏刻本，内容有《養正》而無《條議》,《彙編》則有序無書，而光緒二十一年（一八九五）吕氏刻本則三者皆備，又據《弁言》中“著成《養正》一編，便課童蒙。仍復彙齊原本，使讀者暘觀前緒，進取有資”云云，則似吕鳴謙爲方便童蒙誦習計，光緒十九年只先刻《養正》一卷單行,《彙編》則序而未附，以明其著書本旨，但仍與《條議》同時製板，至光緒二十一年始將三者彙刻於一編，是爲《孝經養正》足本。足本今藏於吉林大學圖書館及東北師範大學圖書館，限於訪求不易，故本次整理姑以湖北省圖書館藏《孝經養正》光緒十九年吕氏刻本爲底本進行點校，白璧不完，讀者諒之。吕鳴謙所集刻的《孝經》五種古代注本，在當時雖爲罕見，於今則通行於世，訪之甚爲易得，讀者如有意願，可自行尋來閲讀。惟《條議》未睹其文則難窺其旨歸所在，故移録我國近代藏書家倫明所撰足本《孝經養正》提要於此，以便讀者瞭解《條議》的大旨所在：“清吕鳴謙撰。鳴謙字吉垣，湖北廣濟人。是書首有李廷簫序，次鳴謙撰《條議》十則。其要者，謂推廣孝道，須立孔聖教堂，旁設曾子坐位。每逢房、虚、昴星之日，禮拜先師。由教諭、訓導兩官主講，紳耆士庶臨期來聽。講畢，就在堂内演禮習樂。按此事近人有倡之者矣。其講解義理純用白話，則又近人倡白話替文言之先聲也。”（見東莞圖書館整理《倫明全集》第三册）此處末尾兩句也道出吕鳴謙講解《孝經》義理的特色所在，即其講解純用白話，實開近代人以白話文替代文言文之先聲。

本書根據《荆楚文庫》點校條例，對原文加以新式標點。整理工作由魏友承擔，崇文書局的編輯和湖北省圖書館的工作人員，對本書的整理出版予以多方面的關懷和積極支持，特在此一并致謝。

目　　録

孝經養正序

自古帝王治天下，未有以無本之治治之者也。聖人教人則曰：本立道生。親者，身之本也。孝者，行之本也。人自孩提至成童，未嘗離親，凡有天性者，鞠育顧復之恩，莫不知也。至長而有室，嗜慾攻取之事，飲食徵逐之緣，漸染日深，群相逐末，幾忘其本之所在。甚至越理犯分，以傾危其親，玷辱其親。庶人則謂之愚而已，士大夫自以爲習詩書，知禮義，竟至昧其童穉之良，辱身敗名，寡廉鮮恥，致誚當時，貽譏後世，非本之不立有以致之哉！《孝經》一書，迺曾子獨得孔子之真傳，不亞於顔、閔者也。注疏家發明殆盡矣，然而不善讀者僅得其章句，無益於身心及見之躬行，轉與孔子、曾子之教相左。噫嘻！是何故與！童而習之者，本未漓其心真，長而誦之者，本漸撥其事難，故《易》曰："蒙以養正。"自發蒙以至成立，始終不離乎本，由此以振興綱常，由此以扶持家國，建非常之業，垂不朽之名，孰不從本中來乎？吕吉垣大令潛心經學，制行不苟，見夫立人之道自有本始，務本之功自童養始，因以俚言解釋經義，俾童蒙易曉，服習既久，心性厚而德行有根，可以爲孝子，即可以爲忠臣。此仁人君子之用心，有功名教者也，豈若功名之士以一知半解，誇耀同人，妄希傳世者哉！嗚呼！大令可謂知本者矣。僕筆墨久疏，深自憾倫常之道，終身抱歉，何敢擅擬此序。惟不敢拂教孝之意端本旨，遂於案牘勞形時，不及脱稿，援筆書之。

光緒十有四年冬至後五日，呈吉垣仁兄大人訓正。筱軒弟李廷簫書於江甯府署之省身齋。

《孝經》五種彙編弁言

孔子《孝經》久爲遺逸之書，無論鄉嵎僻處，即《詩》《書》繼舊者，莫能獲覯。吾儒有擔荷斯道之任，能不爲之浩嘆也哉！鳴謙數十年來訪購原本，得之甚艱。凡三著《孝經》，一著於豫章軍幄，復著於兩江節署，三著於金閶旅館。光緒十九年，歲次癸巳，鳴謙年已七十二歲，春仲仍回金陵邸寓，頤養餘年，求竟未完之業，以成吾素志。時假江甯書局，駐於冶城飛霞閣，集刻《孝經》五種。孔傳得於《知不足齋叢書》，爲古歙鮑廷博所編；鄭注得於《漢魏遺書》，爲金谿王謨所編；惟開元御注得之最蚤，而朱子《刊誤》僅得任釣臺所續編；計宋本古文《孝經》，指解而無講義，徒有正文，共得五種。鳴謙不辭譾陋，苦意折衷，著成《養正》一編，便課童蒙。仍復彙齊原本，使讀者暘觀前緒，進取有資，而《孝經》至斯大備矣。惟幸我國家教化昌明，倫常丕振，使天下萬世受無窮之福惠，不在兹乎？

光緒十九年八月朔日，知府銜升用同知江蘇候補知縣吕鳴謙謹綴其跡。

孝經養正

開宗明義章第一

此是起頭講明孝道的義理，總冒諸篇之首，爲第一章書。

仲尼居，仲尼是孔夫子，姓孔名丘，字仲尼。居是閑居的時候。**曾子侍。**曾子是孔子弟子，姓曾名參，字子輿。侍是坐在孔子傍邊。**子曰：**是孔子對曾子説話。**“先王有至德要道，**先代聖王有至極之德、要緊的的道理。**以順天下，**順是人心都願意，先代聖王就用這箇道理引導天下的人心。**民用和睦，**百姓行用出來，和好雍睦。**上下無怨。**上下臣民都無怨恨的意思。**女知之乎？”**你可曉得否？**曾子避席曰：**曾子因孔子有話問他，便離開自己的坐席，答應説。**“參不敏，**參是曾子自稱其名，説參的性蠢，不聰敏。**何足以知之？”**何能曉得這至極之德、要緊的的道理。**子曰：**孔子告他説。**“夫孝，德之本也，**説起孝親的道理來，是人生立德的根本。**教之所由生也。**教化之本源，從此處發生出來。**復坐，**孔子叫他從復坐下。**吾語女。**我把這道理告訴與你。**身體髮膚，**爲兒子的身體、毫髮、皮膚。**受之父母，**都是稟受爺娘所生的。**不敢毁傷，**時刻留心，不敢毁壞損傷。**孝之始也。**這是孝道起頭的事。**立身行道，**立身於天地間，把聖王行孝的道理都做將出來。**揚名於後世，**播揚聲名，留於後代，世世相傳。**以顯父母，**就可以顯耀爺娘。**孝之終也。**這是孝道煞末的事。**夫孝，始於事親，**説起行孝，要以事親爲起頭。**中於事君，**其次就是事奉君王。**終於立身。**乃能揚名顯親，此身卓然自立，故曰“終於立身”。**《大雅》云：‘無念爾祖，**《詩》之《大雅》篇云：莫不思念爾之先祖。**聿脩厥德。’”**而能繼述以脩其孝道至極之德。

天子章第二

此是分開次序說孝道，天子是最尊貴的，所以首舉之，列爲第二章書。

子曰：是夫子說。**“愛親者，不敢惡於人；**這親愛爺娘的人，性情都是慈惠的，待人不敢有憎惡的意思。**敬親者，不敢慢於人。**這恭敬爺娘的人，性情都是謙謹的，待人不敢有侮慢的意思。**愛敬盡於事親，**愛敬的道理在爺娘面前都無虧損。**而德教加於百姓，**說天下的萬民也都教化了，移此孝德加教於百姓。**刑於四海，**四方之國、海外之地都要奉爲法則。**蓋天子之孝也。**此乃是天子的孝道，能上行下效。**《甫刑》云：‘一人有慶，兆民賴之。’”**《甫刑》即《尚書·吕刑》也。一人即天子。言天子一箇人能行孝道，天下許多百姓都效法他的樣子，也曉得行孝。

諸侯章第三

諸侯是列國之君，比天子又次一等，所以列爲第三章。

在上不驕，高而不危；列國之君，尊貴居人之上，能不驕傲，雖居高位，可免危險。**制節謹度，滿而不溢。**費用減省，不肯濫用，謂之制節。謹慎儀度，不至滿淫如水之泛溢於外。**高而不危，所以長守貴也；**居高位能不危險，所以能長遠保守這尊貴。**滿而不溢，所以長守富也。**有錢財能守禮法，不肯驕奢如水之泛溢於外，所以能長遠保守這富豪。**富貴不離其身，**既能常常保守得住，則此身可以長享這富貴。**然後能保其社稷，**此有國之君方纔能保守得社稷。**而和其民人，**這一國的百姓都歡喜，有一段和說的氣象。**蓋諸侯之孝也。**此乃是論國君的孝道。**《詩》云：**引《詩經》的話。**“戰戰兢兢，**有恐懼戒慎的模樣。**如臨深淵，如履薄冰。”**就像站立深水邊，恐隊下去；就像走到薄冰上，恐陷下去。

卿大夫章第四

公卿大夫他的名位又在諸侯之下，所以次序列在第四章。

非先王之法服不敢服，非先王之法言不敢道，非先王之德行不敢行。所有衣服、言語、行事，先代聖王有一定的禮法道德，必定一一遵循，不敢稍有違悖了。**是故**這様説。**非法不言，**言語必要遵守禮法。**非道不行；**行事必要遵循道德。**口無擇言，身無擇行；**倘若語言、行事有好有歹，方纔要擇着他的好處。既是語言、行事都是好的，所以不用揀擇。**言滿天下無口過，**語言謹守禮法，就是説遍天下，那來有句過錯。**行滿天下無怨惡。**做事遵循道德，就是行遍天下，那來招人怨怒。**三者備矣，然後能守其宗廟，**衣服、語言、行事這三件都能完備，方纔永遠保守得先祖的宗廟。**蓋卿大夫之孝也。**這就是卿大夫的孝道。**《詩》云："夙夜匪懈，以事一人。"**又引《詩經》所説：自早至晚，不敢懈怠，以敬事其君王一人而已。

士章第五

孝道説到爲士的是有禄位的人，比卿大夫又次一等，所以列在第五章。

資於事父以事母，而愛同；就取士人事奉父親的道理，用得事奉母親，都是一般親愛的心思，没有兩箇様子。**資於事父以事君，而敬同。**就取士人事奉父親的道理，用得事奉君王，也是一般恭敬的心思，没有兩箇様子。**故母取其愛，而君取其敬，**所以事奉母親，取其親愛；至於事奉君王，取其恭敬。**兼之者父也。**只有事奉父親一箇人把親愛、恭敬兩般的心思都要兼盡。**故以孝事君則忠，**所以把事奉父親的孝道，移到事奉君王，就是箇忠良的模様。**以敬事長則順。**用那恭敬移到事奉長上，就是遜順的模様。**忠順不失，以事其上，**能彀不失忠順的道理，以事奉君王與長上。**然後能保其禄位，而守其祭祀，**然後方能保此禄秩名位，永遠祭享宗祀。**蓋士之孝也。**此乃是論士子孝親的道理。**《詩》云：“夙興夜寐，無忝爾所生。”**《詩經》所云：清晨興起，夜間夢寐，都無一毫愧怍對著生我的父母。

庶人章第六

庶人是衆百姓，比士子又次一等，論其所行的孝道，爲第六章書。

用天之道，用天四時之道。**分地之利，**分地四方之利。**謹身節用，以養父母，**謹慎身體，不亂做事，節省用度，不妄費錢財，蓄積奉養爺娘，可免飢寒。**此庶人之孝也。**此衆庶平民孝親之道如此。**故自天子至於庶人，**從天子起到庶人止。**孝無終始，而患不及者，未之有也。**孝親之道無止境，再没有想盡孝心而做不到的，没有這事。

三才章第七

天、地、人謂之三才。論孝道從天子説到庶人，這又説孝道乃天經地義之文，爲人道之大端，此是第七章書。

曾子曰：“甚哉！孝之大也。”曾子聽得夫子論孝，方纔贊嘆孝親的道理關繫有如此重大。**子曰：“夫孝，天之經也，地之義也，民之行也。**夫子説孝道之大，如天上日月運行，如地下萬物滋生，爲民生日用行事的本源。**天地之經，而民是則之。**天地既有如此常經，民生都奉爲法則，也能有常。**則天之明，因地之利，以順天下。**效法天上的光明，依著地下的財利，以安順天下的人心。**是以其教不肅而成，其政不嚴而治。**如是人心都依他的教導，不必嚴肅就化成了，政教不用威嚴就平治了。**先王見教之可以化民也，**先王見這孝思可以感化生民如此容易。**是故**因得這箇緣故。**先之以博愛，而民莫遺其親；**先自廣行仁愛，人皆感化，無有遺忘其親愛之心。**陳之以德義，而民興行；**陳說德義的好處，百姓也都羨慕興起而力行之。**先之以敬讓，而民不争；**君王自行敬讓，百姓也感化了，絶不争競。**導之以禮樂，而民和睦；**禮法是檢束身體的，樂章是和順性情的，先王把禮樂引導，百姓自然和好雍睦。**示之以好惡，而民知禁。**告以條教號令，百姓纔曉得不犯他的禁令。**《詩》云：‘赫赫師尹，民具爾瞻。’”**《詩經》所說赫赫有威嚴的太師爲周朝的三公，而百姓都奉爲觀瞻，依著他的行事做來。

孝治章第八

此章說治天下的大事莫大於孝，所以把孝親的道理來治天下，爲第八章書。

子曰：“昔者明王之以孝治天下也，此說從前聖明之王以孝道教化天下的人。**不敢遺小國之臣，而況於公、侯、伯、子、男乎？**小國之臣，職分最卑小的，主上都不敢輕慢他，而況於五等的諸侯，職分比他還大，豈有不敬謹的。**故得萬國之懽心，以事其先王。**所以能得萬方之國懽喜的心思，都來助祭我們的先代聖王。**治國者，不敢侮於鰥寡，而況於士民乎？**此說治國的諸侯，就是鰥寡微賤的，尚且不敢輕侮，況曉得禮義的士民，没有不鄭重他的。**故得百姓之懽心，以事其先君。**所以諸侯能得百姓的懽喜，這百姓也都來恭敬奉事其先代之君。**治家者，不敢失於臣妾，而況於妻子乎？**此說治家的卿大夫，不敢有失其愛養以待其臣妾之微賤者，而況於待妻子。是父母之命，媒妁之言，這妻子爲接續後代，爲最貴重的。**故得人之懽心，以事其親。**所以能得一家的懽心，把他這箇禄養都大家幫助他事奉雙親。**夫然，故生則親安之，祭則鬼享之，**夫然是說孝治的道理都做到了，人都懽喜，所以他的老親在生的時候是安泰的，没後爲鬼也享他的祭祀。**是以天下和平，災**

害不生，禍亂不作。行這孝道，既已箇箇懽喜，存安没享，把天下都感化了，人皆和睦，有太平景象，那來有災害流行，一切禍亂，從何而生。**故明王之以孝治天下也如此**。所以聖明之王用孝道以治天下，上感下應，有許多好處。**《詩》云：‘有覺德行，四國順之。’”**《詩經》所説的有人欣感其孝德，見於行事，那四方各國皆順其意向而行之。

聖治章第九

此説聖王之德無有比孝更大的，其所以治民，必先自己身體力行，把德教感化，而政令自然通行。夫子因得曾子有問而告之，此第九章書。

曾子曰：“敢問聖人之德，無以加於孝乎？”曾子又説：“敢問聖人的德教，就没有比孝更大的否？”**子曰：“天地之性人爲貴**。秉天地之性而生，這萬物中惟人最貴重。**人之行莫大於孝，**人的行事，以孝爲德之根本，再没有比孝更大的。**孝莫大於嚴父，**要説孝之大，又没有大於父親的，所以是最尊嚴的。**嚴父莫大於配天，則周公其人也**。父之至尊，其他不能比配，只是與天一般樣。古人以祭天之禮來祭父親，只有周公一箇人。**昔者周公郊祀后稷以配天，**郊祀是祭天的禮，后稷是周公的始祖。周公攝政的時候，行郊祭禮，把他始祖來配饗以祭天。**宗祀文王於明堂以配上帝，**明堂是天子行政之處，把他宗廟所祭的文王來配饗天上聖帝。**是以四海之内，各以其職來祭**。君行配祭之禮，感動了四海的諸侯，各人循其職分，都來幫助，以行祭祀。**夫聖人之德，又何以加於孝乎？**聖人之德到了這等極處，是那來還有比他更加其上的。**故親生之膝下，以養父母日嚴**。所以父母生我，幼時常在膝下，長成了人，奉養父母漸漸曉得尊嚴。**聖人因嚴以教敬，因親以教愛**。聖人因得如此尊嚴，所以教人子當要敬；因得如此親近，所以教人子當要愛。**聖人之教不肅而成，其政不嚴而治，**聖人的教訓不用威肅，自然順成；

政令不用嚴厲，自然感化。**其所因者本也。**推緣其故，是順著孝道的本源，所以易得成此政治。**父子之道，天性也，君臣之義也。**父子的道理，是天性所生，亦如君臣的義理一般。**父母生之，續莫大焉；**父母生子接續宗支，人倫之道沒有再大於此的。**君親臨之，厚莫重焉。**就像君上親臨其民，恩義高厚，沒有再重於此的。**故不愛其親而愛他人者，謂之悖德；不敬其親而敬他人者，謂之悖禮。**所以愛敬的誠心不在父母身邊盡職，反用在他人跟前，這就是與德禮相違背了。**以順則逆，民無則焉。**行教之道，原要順人心，現在自己就悖逆了理法，百姓從那箇樣子效法。**不在於善，而皆在於凶。**自己不能身行愛敬，徒然凶惡刑驅勢迫。**德雖得之，君子不貴也。**勉強要人盡其愛敬，這德禮雖然不錯，究竟君子不爲貴重。**夫君子豈其然乎！**君子不與他一樣違悖了德禮。**言思可道，行思可樂，**說一句話必要合乎道理，行一件事必要與心相安。**德義可尊，作事可法，**德義人都尊崇，行事人都效法。**容止可觀，進退可度，**容貌舉止，人都瞻仰；進退儀容，人都奉爲法度。**以臨其民。是以其民畏而愛之，則而象之。**君能行這六件事撫御下民，百姓畏威懷德，也效他的樣子做這六件事。**故能成其德教，而行其政令。**所以能成了這箇德教，方纔政令通行而無滯礙。**《詩》云：‘淑人君子，其儀不忒。’”**引《詩經》所說的淑善之君子，威儀無少差忒，使爲人所法則。

紀孝行章第十

此是說到孝子身上，細數那孝子當盡的事，爲第十章書。

子曰：“孝子之事親也，居則致其敬，夫子說孝子之事父母有數件事，平居的時候，在父母面前必要恭敬，不可怠忽。**養則致其樂，**有酒食奉養父母，必要使父母歡喜，不生煩惱。**病則致其憂，**倘若父母有病，必要調治，盡其憂悶的心思。**喪則致其哀，**居父母的喪事，必要盡其哀痛的心思。**祭則致其嚴。**每逢祭祀，必要盡其嚴肅的心思。**五者備矣，然後能事親。**這五件事都能做得全備，然後算得箇能事親的。**事親者，居上不驕，**若是事親的居人之上，當謙謹，不可有驕矜之氣。**爲下不亂，**在下不可有狂暴之氣，以取禍亂。**在醜不争。**處衆人之中，不可相争競，必要和順。**居上而驕則亡，爲下而亂則刑，在醜而争則兵。**如果在上而驕，必致滅亡；在下而亂，必遭刑戮；在醜而争，必起兵端。**三者不除，雖日用三牲之養，猶爲不孝也。”**要是驕、亂、争這三件事不除去，皆足以滅亡其身，累及其親。雖是每日用三牲來奉養父母，也還算不得是孝。

五刑章第十一

五刑是五樣的刑法，補政令之不足者，以防其亂，爲第十一章書。

子曰：“五刑之屬三千，而罪莫大於不孝。五刑的條律有三千之多，其罪惡惟不孝的最大。**要君者無上，**爲臣的當奉命於君，竟敢恃强而反要挾，這是没有君上了。**非聖人者無法，**禮法是聖人制作的，竟敢誹謗，這是没有禮法了。**非孝者無親，**父母是應當孝順的，竟敢悖逆，這是没有父母了。**此大亂之道也。”**有這三樣的罪過，就是大亂的事，所以當用刑法以懲治之。

廣要道章第十二

此説推廣要緊的道理，爲第十二章書。

子曰：“教民親愛，莫善於孝；教民禮順，莫善於悌；若教導百姓相親相愛，莫好仔一箇孝道；若教導百姓禮貌恭順，莫好仔一箇悌道。**移風易俗，莫善於樂；**古來聖人作樂章以正人心，轉移風化，更易時俗，莫好仔一箇樂章。**安上治民，莫善於禮。**禮法所以正君臣父子的名分，别男女長幼的次序，使上下安然郅治，莫好仔一箇禮法。**禮者，敬而已矣。**禮法没有别的事，只一箇敬謹就是了。**故敬其父則子説，敬其兄則弟説，敬其君則臣説，敬一人而千萬人説。**所以恭敬父母，爲子的都懽喜盡了子職；恭敬兄長，爲弟的都懽喜盡了弟道；恭敬君王，爲臣的都懽喜盡了臣道。一箇人恭敬，許多人都懽悦，要效樣。**所敬者寡而所説者衆，此之謂要道。”**所敬的寡少，而效法的人多，這就是扼要的道理。

廣至德章第十三

此説孝爲至極之德，人皆感化，可以推廣行孝徧滿天下，爲第十三章書。

子曰：“君子之教以孝也，非家至而日見之也。此説以孝教人，不必家家要到每日要看見纔曉得行孝。**教以孝，所以敬天下之爲人父者也；教以悌，所以敬天下之爲人兄者也；**把孝道教人，普天下爲子的都曉得孝敬父親；把悌道教人，普天下爲弟的都曉得恭敬兄長。**教以臣，所以敬天下之爲人君者也。**把臣道教人，普天下爲臣的都曉得尊敬君上。**《詩》云：‘愷悌君子，民之父母。’**《詩經》所説愷悌慈祥的君子化導人民，可算得天下的父母。**非至德，其孰能順民如此其大者乎？”**要没有至極之德，那箇能順民心到這箇樣子的浩大。〇這一章書是推廣至極之德行得寬廣，此是橫説。

廣揚名章第十四

此章説推廣孝道，可以播揚聲名，流傳千古，爲第十四章書。

子曰："君子之事親孝，故忠可移於君；事奉父母，既是孝子；要是事奉君王，也就是忠臣。**事兄悌，故順可移於長；**在家能事奉兄長，在鄉黨也就曉得恭順長上。**居家理，故治可移於官。**在家曉得料理家務，做官就曉得安頓朝廷的政事。**是以行成於內，而名立於後世矣。"**這三件事在家庭內做得完全，那聲名卓立，千古後世都要效法。〇這一章書是説孝道行得悠久，謂之豎説。

閨門章

此係孔傳以教婦女，補入《揚名章》下，不列序次，仍遵玄宗御注舊製十有八章之義。

子曰："閨門之内，具禮矣乎！閨門是婦女所居之地，以避内外。婦人有應盡的禮法，都要備具於一身，不使稍有一毫虧歉。**嚴親嚴兄，**言事親事兄要守恭敬尊嚴的禮法。**妻子臣妾，**言妾婦之道要守卑順謙退的禮法。**繇百姓徒役也。"**猶之徒事趨承，如同服役的百姓一般，謹守家庭的禮法。

諫争章第十五

此説孝順的道理，不專在聽命於父親就算是孝。倘若父親做事不合乎義，也必要好言相勸，阻住他莫做，爲第十五章書。

曾子曰："若夫慈愛恭敬、安親揚名，則聞命矣。敢問子從父之令，可謂孝乎？"曾子又問夫子説："要是慈愛恭敬、安順親心、顯親揚名這些事已經聽得訓教，還要請問倘若是父親有話分付做兒子的，必要聽命而行，就可説是孝道否也？"**子曰："是何言與！是何言與！**夫子聽曾子這話説錯了，就驚訝起來："你是怎樣説！你是怎樣說！”**昔者天子有争臣七人，雖無道，不失其天下；諸侯有争臣五人，雖無道，不失其國；大夫有争臣三人，雖無道，不失其家**。古來天子有諫争之臣七箇人，雖是無道理的天子，也可以保守天下。諸侯有諫争之臣五箇人，雖是無道理的諸侯，也可以保守其國。大夫有諫争之臣三箇人，雖是無道理的大夫，也可以保守其家。**士有争友，則身不離於令名**；士子有勸戒的朋友，就不至於敗壞聲名。**父有争子，則身不陷於不義**。父親有過錯，兒子勸阻，就不至陷害做那不合義理的事。**故當不義，則子不可以不争於父，臣不可以不争於君**。倘有不合義理的事，做兒子不可不在父親面前勸解，爲臣的不可不在在君王面前勸解。**故當不義則争之，從父之令，又焉得爲孝乎？**”所以有不合義理的事，就當委婉勸説，徒然聽從父命，這又何得説是孝。

感應章第十六

教化流行，没有不相通的，是説明行孝有感斯應，爲第十六章書。

子曰：“昔者明王事父孝，故事天明；事母孝，故事地察；古來明聖之王事父親能孝，所以能照臨萬物；事母親能孝，所以能俯察地利。**長幼順，故上下治**。長幼都能和順，所以上下相安而不紊亂。**天地明察，神明彰矣**。能照臨萬物，俯察地利，神明之道昭著於天地之間。**故雖天子，必有尊也，言有父也；必有先也，言有兄也**。天子是最尊的，還比他尊只有父親；必有比天子在先，只有箇兄長。**宗廟致敬，不忘親也**；在宗廟中致敬，是不忘記了一本九族之親。**脩身慎行，恐辱先也**。脩省其身，謹慎做事，恐怕羞辱前代的先人。**宗廟致敬，鬼神著矣**。在宗廟中用這誠敬，儼然看見先人在面前，如鬼神昭著一般。**孝悌之至，通於神明，光於四海，無所不通**。孝悌之道，推之至極，能通於神明，其光耀遍於四海，無不流行相通。**《詩》云：‘自西自東，自南自北，無思不服。’”**四方向化，無不心悦誠服而應感相通。

事君章第十七

所以事君不忠，非孝也，古人求忠臣於孝子之門。既能事君，也必是孝子，爲第十七章書。

子曰："君子之事上也，進思盡忠，退思補過，君子事奉君上，置身廊廟，必想要盡忠藎的心思；退處私室，恐怕有錯處，必想補救那過失。**將順其美，匡救其惡，**君有美德，務必贊助成就美德；君有過失，務必匡救阻止過失。**故上下能相親也。**所以君臣一體，能相親愛。**《詩》云：'心乎愛矣，遐不謂矣。中心藏之，何日忘之？'"**爲臣子愛君的心思常在左右，不離了君王；君王的心思常常欣悦，不忘記了臣子。

喪親章第十八

爲人子者到得親身既没，必要哀戚盡禮，以終事親之義，爲第十八章書。

子曰："孝子之喪親也，哭不偯，禮無容，言不文，爲子到得親没之日，號哭之聲是悽愴的，禮貌也不講究，説話也没有文詞。**服美不安，聞樂不樂，食旨不甘，此哀戚之情也。**孝服是麻布的，著得華服便不安逸；心裏是悲哀的，聽得美樂便不快活；喫的蔬食占粥，那嘉殽美酒便不能甘味，這就是哀戚的真情。**三日而食，教民無以死傷生，毁不滅性，此聖人之政也。**喪親三日，方纔食粥，聖人制出禮法來教導百姓，不可因父母之死損傷爲子的生命。雖是哀毁，不至滅亡生性，此是聖人適中的政令。**喪不過三年，示民有終也。**喪禮不過三年，使天下的人孝服有限制，終此守制之禮。**爲之棺槨衣衾而舉之，**用內棺外槨，將銜斂的衣服、衾被辦得齊全，把尸身舉以內於棺中。**陳其簠簋而哀慼之，**陳設祭品哭奠，哀痛迫切之聲極其慘慽。**擗踴哭泣，哀以送之。**以手拍胸，以脚頓地，號哭悲哀，送那靈櫬。**卜其宅兆，而安厝之。**卜筮以占其吉地，爲之墓宅而安葬之。死後以入土爲安，故曰安厝。**爲之宗廟，以鬼享之；**立爲宗祠家廟，爲祭祀之所，鬼神來受祭享的禮。**春秋祭祀，以時思之。**每年春秋祭祀，因其時而思念不忘。**生事愛敬，死事哀戚，生民之本盡矣，死生之義備矣，孝子之事親終矣。"**父母在生的時候，事奉以親愛恭敬；死的時候，事奉以哀痛慘慽。那生民的本源無虧，兒子的職分已盡，死生的義理完備，孝子事親的道理至此齊全。此夫子以孝教曾子之言，爲人子者所當熟讀深思，勉力行此孝道，使子職無虧焉已爾。

《孝經養正》乃嗚謙著自豫章軍幄，迄今數十年矣。己丑歲，復荷沅甫爵帥檄，調較對兩江文案事宜，還居節署，删定成篇，復著《條議》。歲在光緒十六年，歲次庚寅八月上浣，知府銜升用同知江蘇候補知縣吕嗚謙謹綴其緜。